BASIC SCIENCE FOR COOKING

조리기초과학

이 성 호

석학당 출판사
www.shdbooks.co.kr

PREFACE

음식은 우리가 살아가는데 꼭 필요로 하는 것 중에서도 가장 우선으로 꼽히는 것임에 모든 사람이 공감할 것이다. 가정에서의 식사에서 벗어나 외부에서 식사를 할 기회가 많아짐에 따라 음식과 관련한 급식(외식)업의 급속한 성장을 가져오게 되었을 뿐만 아니라 중요한 산업으로 자리매김하게 되었다. 또한 급식(외식)업은 서비스산업 중에서도 종사자의 숫자뿐만 아니라 인간생활에서도 결코 소홀히 할 수 없는 중요한 산업으로서 역할을 감당해야하는 상황에 이르게 되었다.

이에 따라 고객이 만족할 수 있는 음식을 효과적, 효율적으로 제공하기 위한 조리 그리고 급식(외식)산업에서 요구되는 기술 및 상품에 대한 연구개발의 필요성이 증대되고 있으며, 이에 대한 많은 연구 개발이 이루어지고 있다.

이를 위한 바탕으로서 식품이 조리될 때 나타나는 여러 가지의 변화에 대한 이론적 근거를 알아야 한다. 이론적 근거의 바탕을 갖춤으로써 능률적이며, 정확하게 조리기술을 터득할 수 있을 뿐만 아니라 응용, 창작의 능력도 생겨날 수 있습니다.

그러므로 이 책은 조리에 관계된 기초과학적인 이론을 위한 교재로서, Q&A가 아닌 Q&D(Question and Discussion) 즉, 질문으로써 토론을 유도하고 토론의 결과를 발표할 수 있도록 구성함으로써 학업에 상대적으로 흥미가 약한 대학생들에게 좀더 흥미를 불어 넣고자 하였습니다. 그리고 필자는 물질의 성질, 구조, 조성, 화학반응을 다루는 화학의 바탕 위에 다년간의 연구경력 및 교육경력 그리고 외식산업경영의 학문적 바탕을 가지고 있으므로, 이 바탕위에서 사람이 먹는 음식을 다룸에 있어 위생적인 문제로부터 식품안전경영시스템까지 포괄적인 내용으로 알기 쉽도록 집필하고자 노력하였습니다. 그러나 부족한 부분이 많음을 실감하면서, 오류 부분은 지적해 주시고 함께 더욱 좋은 책으로 만들어져 나갔으면 하는 바램입니다.

이 책은 4부로 구성되었습니다.

제 1부는 조리 전반에 대한 이해를 돕기 위한 내용으로서 조리의 정의 및 목적, 조리과정, 조리에서의 열에너지, 조리에서의 빛(전자기파, 마이크로파), 열전달 매개체로서 물, 수증기, 기름을 다루었으며, 열에너지 측정, 온도 등을 살펴보았습니다.

제 2부는 과학적인 자료를 얻기 위한 기초를 다지기 위한 장입니다.

국제단위 및 농도, 유효숫자, 농도계산, 혼합물 제조, 혼합물의 분리 및 정제, 용액, 콜로이드, 식품공전 일반원칙, 열량 및 영양성분, 식품접객업소의 조리식품에 대한 기준 및 규격 그리고 기초적인 실험 등을 다루었습니다.

제 3부는 텍스처(조직감, texture)를 다루었습니다.

제 4부는 외식산업, 외식산업 관련정보 그리고 외식 위생관리 등을 다루었습니다.

끝으로 이 책을 집필하는데 도움을 주신 모든 분들께 깊은 감사를 드리며, 이 책을 출간하도록 기회를 주신 석학당의 윤용호 사장님을 비롯한 편집 및 교정에 애써주신 직원 여러분들께도 감사를 드립니다.

2012년 2월

저자 이 성 호

CONTENTS

CONTENTS

CONTENTS

CONTENTS

Basic science for co

Part I.

조리의 이해

학습목표

- 조리의 정의와 목적을 말할 수 있다.
- 조리과정을 설명할 수 있다.
- 조리에서의 열에너지 종류를 설명할 수 있다.
- 조리에서의 열전달 매개체를 설명할 수 있다.
- 조리에서의 열에너지 측정을 설명할 수 있다.

Key words : 조리, 조리과정, 열에너지원, 열전달 매개체, 열에너지 측정

king

조리기초과학

1장.

조리의 정의 및 목적

1. 조리의 정의

사람들에게 제공할 음식은 영양섭취기준에 따라 식재료를 이용하여 적합하게 조리되어 제공되어야 한다. 조리(調理, cooking)란 다양한 식재료(food material)인 농산물, 수산물, 축산물, 임산물 및 기타 부재료를 이용하여 조리과정을 거쳐서 인간이 섭취하기에 적합한 음식물(food, meal)을 만드는 과정 또는 그 결과물로 정의할 수 있다.

조리과정에는 식재료인 물질들 간의 다양한 변화가 일어난다. 이와 같은 다양한 변화가 일어나는 조리과정에 대한 이해를 위해서는 물질에 대한 학문적 바탕이 요구된다. 즉 물질의 성질, 구조, 조성, 반응을 다루는 화학적 바탕과 물리적, 생물학적 바탕 위에서 종합적으로 설명되어야 한다. 뿐만 아니라 조리된 음식물에 대한 과학적인 평가에 대한 종합적인 이해가 필요하다.

DISCUSSION TIME

Q&D) 우리는 왜 식품(음식)을 먹을 까요? 기능에 대해 토론해 봅시다.

1차 기능? :

2차 기능? :

3차 기능? :

기타? :

H(Hint). 식품(음식)의 기능

1) 1차 기능 : 영양적 기능과 위생적 기능
2) 2차 기능 : 식품성분이 인간의 감각에 작용 하여 식욕을 증진시키고 소화를 촉진시키는 기호적 기능
3) 3차 기능 : 생체방어(면역 등), 생체리듬의 조절, 신경의 흥분, 진정작용 등에 관여하는 생체조절 기능. 또한, 식품은 영양적, 위생적, 기호적, 경제적, 실용적 구비조건을 갖추는 것이 바람직하다

DISCUSSION TIME

Q&D) 조리의 목적 및 과학화에 대해 토론해 봅시다.

조리의 목적? :

조리의 과학화? :

기타? :

H) 조리목적

식품의 조성(성분) 물리적 화학적 성질 등에 변화를 주어 인간이 섭취하기에 적합하도록 만든다. 즉 조리된 음식은 조리되지 않은 음식보다는 섭취 목적에 더욱 적합 하여야할 것이다.

H) 조리의 과학화란?

조리는 단순한 기술이 아니라 사람이 먹는 음식을 취급하는 매우 중요한 부분이다. 이를 위해서는 인간의 건강을 위한 전반적인 바탕 위에서서 정립되어야 한다.

또한 식재료란 물질의 변화를 바탕으로 과학적으로 접근하여야 한다. 이를 위해서는 물질의 구조, 성질, 조성 그리고 변화를 다루는 학문적인 바탕으로부터 조리가 이루어져야 한다.

DISCUSSION TIME

Q&D) 식품의 변화에 대해 토론해 봅시다.

물리적 변화? :

성분의 변화? :

기타? :

H)

성분, 조직변화, 형상변화, 탄수화물, 단백질, 지질, 무기질(미네랄, mineral), 비타민(바이타민, vitamin), 색, 향, 맛, 질감(텍스쳐, texture), 건조, 액화, 고화, 용해, 삼투, 용출, 파괴, 연화, 경화, 팽창, 축소, 변형, 호화, 노화, 변성, 분해, 가수분해, 광분해, 산분해, 산화, 환원, 산패, 유화, 중합, 효소, 촉매, 카라멜화, 발색, 갈변, 퇴색, 휘발 등

DISCUSSION TIME

Q&D) 나라별 식품의 정의 등에 대해 토론해 봅시다.

식품의 정의?

국내 정의?

외국 정의?

기타? :

H)

식품이라 함은 인간의 생명유지를 위한 영양성분의 섭취목적으로 인간이 먹고 마시는 모든 물품을 의미하며, 농 · 축 · 임 · 수산물을 그대로 유통하는 신선(新鮮)식품과 이들의 원료를 제조 · 가공처리하여 저장성, 영양성, 기호성 등을 높인 가공식품을 포함한 모든 음식물(飮食物)을 뜻한다.

H)

우리나라 식품위생법 제2조에는 "의약으로 섭취하는 것을 제외한 모든음식물" 을 식품으로 규정하고 있다.

H) 식품의 정의(CODEX, 미국)?

1) CODEX(국제식품규격위원회)에서는 "가공, 반가공, 가공하지 않는 식품 등 가공 여부를 불문하고 인간이 섭취를 목적으로 하는 물질로서 화장품, 담배, 의약품으로만 사용되는 물질은 제외한 것" 으로 정의되어 있다.

2) 미국의 식품, 약품 및 화장품법(FDCA Section 201)에는 인간 또는 동물이 먹거나 마시는 물품, 츄잉검 및 그러한 재료의 성분이 되는 모든 물품' 을 의미한다.

DISCUSSION TIME

Q&D) 식품의 종류에 대해 토론해 봅시다.

생산방식별? :

공급방식별? :

성분함량별? :

가공유무? :

가공방식별? :

기타? :

H) 식품의 분류

1) 생산방식별: 농산, 축산, 임산, 수산식품 etc

2) 공급방식별: 식물성, 동물성, 광물성 식품(소금 등) etc

3) 성분함량별: 단백질식품, 지방질식품, 전분식품 etc

4) 가공유무: 신선식품, 가공식품 etc

5) 가공방식별: 건조, 냉동, 발효, 염장식품, 통조림

2장.

조리과정

1. 다듬기

이러한 과정은 각 식품의 성질이나 상태에 따라 행하게 된다. 폐기하여야 할 부분을 제거하는 과정이다. 폐기할 부분을 제거한 다음 음식을 만든다. 그러나 폐기할 부분을 최소화하는 것이 바람직하다.

DISCUSSION TIME

Q&D) 다듬기에 대해 토론해 봅시다.

폐기율?

식재료별 폐기율?

기타? :

H) 폐기되는 양을 제외하고서 계산한 폐기율은 다음과 같다.

폐기율(%) = [폐기되는 무게(g) / 식재료 전체무게(g)] × 100

일반적으로 곡류, 채소류는 폐기율이 낮은 편이나, 조개류, 생선류, 뼈를 포함한 육류는 폐기율이 높다.

2. 씻기

식재료에 부착된 불순물(이물질, 농약, 미생물, 기생충알 등)을 제거하기 위함이다. 거의 모든 식품은 씻기를 하며, 날것으로 먹는 것은 특히 주의하여야 한다.

씻기는 일반적으로 흐르는 수돗물에서 씻는 것을 의미한다. 세정제 또는 낮은 농도의 소금물 등을 이용하는 경우도 있다. 전을 뜬 생선이나 고기 조각은 씻지 않는 것이 일반적이다.

DISCUSSION TIME

Q&D) 씻기에 대해 토론해 봅시다.

씻기는 일반적으로 흐르는 수돗물에서 씻는 것을 의미한다. 그러나 씻기에서 세척률을 조사하여 씻기의 효율성을 검토해봅시다.

기타? :

3. 자르기

자르기 : 식품을 적당한 크기로 썰어서, 각종 양념의 침투를 촉진시킬 수 있으며, 외관을 아름답게 할 수 있다.

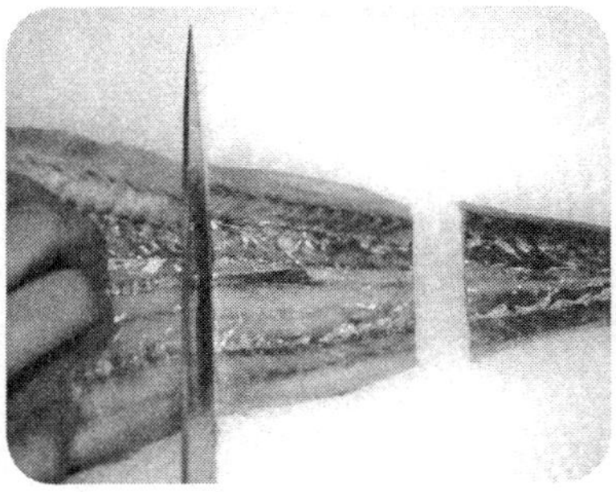

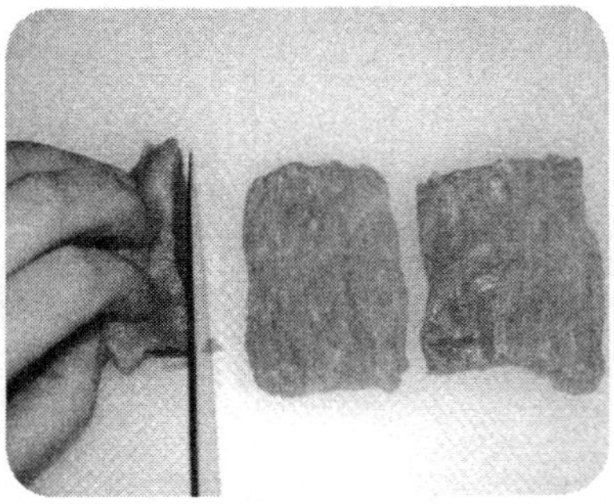

DISCUSSION TIME

Q&D) 자르기의 종류에 대해 토론해 봅시다.

자르기 방법? :

자르기 종류? :

칼의 명칭 및 종류? :

기타? :

H) 자르기는 식재료 세포의 손상으로 인한 물질소실을 최소화할 수 있도록 실시한다.

2장.

조리과정

4. 익히기

DISCUSSION TIME

Q&D) 식품의 익히기에 대해 토론해 봅시다.

익히기 종류는? :

기타? :

H) 익히기 종류

습열조리방법

- 데치기(blanching) - 은근히 삶기(poaching) - 삶기(boiling)
- 끓이기(simmering) - 증기찌기(steaming)

H) 건열조리 방법

- 굽기
- 오븐 조리
- 기름을 이용한 조리

퇴김(deep frying)

순간볶기(sauteing), 볶기(pan frying) 등

DISCUSSION TIME

Q&D) 식품의 조리방법에 대해 토론해 봅시다.

조리방법에 대해 토론합시다.

기타? :

H) 조리방법 등

표 1-1. 조리방법

조리방법	조리온도	조리형태	조리특징
데치기 (Blanching)	약 100 ℃	준비단계	· 주로 준비과정에 실시되며, 채소, 육류, 뼈, 토마토 등에 적용
은근히 삶기 (poaching)	약 66~85 ℃	조리단계	· 단백질 식품을 부스러지지 않게 익히는 방법이다. 예로서 계란, 새우, 생선 등에 적용
삶기 (Boiling)	약 100 ℃	준비단계, 조리단계	· 면류, 감자, 고구마, 밤, 옥수수, 건조채소를 익힐 때 알맞은 조리방법이다.
끓이기 (Simmering)	약 96 ℃	조리단계	· 국, 찌개, 스튜 등과 같은 국물요리에 적합한 조리법(물이 끓지 않게 하여 수분증발을 최소화 함)
증기찌기 (Steaming)	약 109 ℃ ~ 128 ℃	조리단계	· 수증기에 의해 조리가 이루어지므로 영양과 모양 유지에 좋다.

DISCUSSION TIME

Q&D) 기름을 이용한 조리방법에 대해 토론해 봅시다.

기름을 이용한 조리? :

기타? :

H) 기름 이용한 조리

표 1-2. 기름 이용한 조리

구분	튀기기(deep frying)	볶기(pan frying)	순간 볶기(sauteing)
온도	165~180 ℃	165~180 ℃	발연점에 가까운 고온
매개체	식용유, 쇼트닝	식용유, 버터	식용유
목적	· 빠른 조리, 수분증발, 향미유지, 아삭아삭함, 튀김옷 수분보호	· 빠른 조리, 부드러운 질감, 색상과 형태유지	· 육류 : 육즙, 색(기공) · 채소 : 색, 영양소 · 그 외 : 수분증발, 맛과 풍미
기름 사용량	깊이 잠길 정도 (많은 양)	팬 바닥을 채울 정도 (조금 많은 양)	소량
음식 크기	작은 크기	1인 분량	작은 크기
대상 식재료	육류, 해산물, 야채	육류, 해산물, 야채	육류, 해산물, 야채
대표 메뉴	탕수육, 새우튀김	돈가스	찹스테이크

DISCUSSION TIME

Q&D) 기름에 대해 토론해 봅시다.

기름의 특성? :

기타? :

H) 기름의 특성(녹는점, 발연점, 특성 등)

표 1-3. 기름의 특성(녹는점, 발연점, 특성 등)

종류	녹는점(℃)	발연점(℃)	특성
식용유 (salad oil)	-11	230	· 발연점이 높으며, 튀김 등 조리에 사용되나 조리 중에 증발량이 많은 편이다. 그러므로 동물성 유지와 함께 이용하면 좋다.
버터 (butter)	36	150	· 우유 유제품으로 향과 맛이 좋은 편이나, 높은 온도에서는 쉽게 타는 편이므로 낮은 온도의 조리에 이용한다.
라드 (lard)	33	190	· 독특한 향기와 풍미가 있다. 중국요리 및 동남아 요리에 많이 이용된다. 튀김에 이용 시 크리밍성이 떨어지므로 다른 유지와 반씩 혼합하여 이용하면 풍미를 더해준다.
올리브유 (olive oil)	0	190	· 단시간에 가열하는 요리나 낮은 온도로 조리할 때 이용한다. 높은 온도로 장시간 가열하면 너무 강한 향이 음식에 스며들게 된다.

DISCUSSION TIME

Q&D) 식품의 익히기에 대해 토론해 봅시다.

익히기에 따른 식품의 변화에 대해 토론합시다. :

기타? :

H) 익히기

- 단백질의 열변성(熱變性),
- 녹말의 호화에 의한 소화성의 향상,
- 유지의 융해 · 산화 등

5. 맛(간 포함) 맞추기

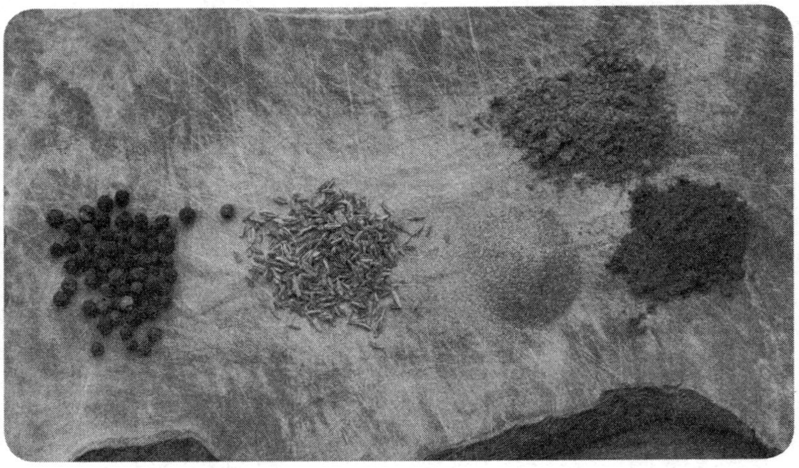

DISCUSSION TIME

Q&D) 맛(간포함)내기 대해 토론해 봅시다.

맛내기에 대해 토론합시다.

기타? :

H) 맛내기

- 맛: 단맛, 신맛, 쓴맛, 짠맛 등
- 식품 특유의 맛을 중심으로 짠맛 · 단맛 · 신맛 등이 주요한 첨가된 맛이다.
- 향신료의 사용도 넓은 뜻에서 포함.

표 1-4. 식재료와 맛

맛	식재료
짠맛, 함미(鹹味)	소금, 간장, 된장, 고추장
단맛, 감미(甘味)	설탕, 꿀, 물엿, 엿, 조청
신맛, 산미(酸味)	식초, 레몬즙
쓴맛, 고미(苦味)	생강
감칠맛	다시마, 표고버섯, 가츠오부시
매운맛, 신미(辛味)	고추, 겨자, 후추, 와사비, 생강, 산초

- 식염에 의한 맛은 생리적 요구에 응하는 것이므로 한꺼번에 많은 양을 먹는 음식은 싱겁게 하고,
- 간이 센 요리는 상에 내는 양을 적게 하는 등 염분섭취량에 주의를 기울일 필요가 있다.

6. 담기

DISCUSSION TIME

Q&D) 식품의 담기에 대해 토론해 봅시다.

담기에 대해 토론합시다.

기타? :

H) 담기 등

한국음식의 맛과 멋

- 명정식(名節食)과 시식(時食)을 즐기는 풍습은 민족, 가족의 일체감과 화합의 장이며 건강 기복 평안을 바라는 행사이다.

3장.

조리에서의 열에너지

1. 조리에서의 열에너지 원

DISCUSSION TIME

Q&D) 조리를 위해서는 열이 필요합니다. 열에너지 원에 대해 토론해 봅시다.

열 에너지원?

기타? :

H)

1) 화염(연탄, 숯, 나무 등)

2) 가스

(1) LNG(액화천연가스, liquefied natural gas)

(2) LPG(액화석유가스, liquefied petroleum gas)

3) 전기

4) 전자파(microwave)

DISCUSSION TIME

Q&D) 조리에 필요한 열이 어떻게 얻어질까요? 함께 토론해 봅시다.

연소 반응식? 예) $C + O_2 \rightarrow CO_2 + Energy$

연소열 값? :

기타? :

H) 조리에서의 열에너지

- 연소열, 연소반응식?
- 연소열?

연소열(燃燒熱, heat of combustion)

어떤 물질 1 몰(mol) 또는 1 g이 완전 연소할 때 발생하는 열량 또는 발열량이라한다. 단위는 ㎉/mol, ㎉/kg 또는 ㎈/g 등으로 표시된다. 연소열은 측정해서 구하지만, 반응물과 생성물의 생성열로부터 연소열을 계산하기도 한다.

석탄 · 석유 · 프로페인 등의 연료가 공기 속에서 연소하면 공기 속의 산소와 반응하여 반응열을 발생한다.

즉 산화반응의 결과이며, 발열량은 고체나 액체 연료는 1 kg, 기체연료는 0 ℃, 1기압의 건조 상태에서 1 ㎥가 완전연소로 발생하는 열량을 ㎉ 단위로 나타낸 것이다. 대표적인 물질의 연소열의 값은 다음과 같다. 수소 683.3, 흑연 94.1, 프로페인 53.06, 아세틸렌 310.6, 메테인 212.8이다.

H) 화염(Flame)?

가연성 물질이 연소하면서 발광하는 부분을 말하며, 화염은 외염(外焰)이라 부르는 바깥불꽃, 내염(內焰)이라 부르는 안불꽃 그리고 염심(焰心, flame core)으로 구분된다. 불꽃의 안쪽에 있는 녹색을 띤 푸른색 부분. 온도가 겉불꽃보다 낮으며 환원력이 세다.

DISCUSSION TIME

Q&D) 조리를 위한 열이 필요합니다. 화염 대해 토론해 봅시다.

열 에너지원인 LNG ?

기타? :

H) LNG ?

LNG : 주성분은 메탄가스(CH_4)이다. 천연가스는 주성분인 메탄 외에도 황화수소, 이산화탄소 또는 부탄, 펜탄, 습기, 먼지 등이 함유되어있기 때문에 전처리 공정을 통해 유황, 습기, 먼지 등을 제거한다. 천연가스를 액화한 것을 LNG라 한다. 다음의 표에서 메탄의 성질과 LNG의 생산지에 따라 조성 등에서 약간의 차이가 있음을 알 수 있다.

표 1-5. LNG 생산지별 조성

구분		보르네오산	알라스카산
조성 (Vol %)	메탄(CH_4)	88.1	99.8
	에탄(C_2H_6)	5.0	0.1
	프로판(C_3H_8)	4.9	-
	부탄(C_4H_{10})	1.8	-
	펜탄((C_5H_{12})	0.1	-
	질소(N_2)	0.1	0.1
액밀도(g/L)		465	415
비점(℃, 1atm)		-160	-162

표 1-6. 메탄가스의 성질

메탄가스(CH_4)	성질
분자량	16
비중	0.55(공기 = 1)
비점	-162 ℃
임계온도	-82.1 ℃
임계압력	45.8 atm
폭발범위	5 ~ 15 %
발화점	550 ℃
융점	-182.4 ℃

DISCUSSION TIME

Q&D) 조리를 위한 열이 필요합니다. LPG에 대해 토론해 봅시다.

LPG?

기타? :

H) LPG

기본성질

- 기화 및 액화가 쉽다.

프로판은 약 0.7 MPa, 부탄은 약 0.2 MPa 정도로 가압시키면 액화된다. 액화된 프로판은 대기중으로 방출시키면 기화되나, 부탄의 경우는 겨울철 영하의 온도에서는 기화되기가 어렵고, 기화되어도 재액화될 가능성이 있다.

- 공기보다 무겁고 물보다 가볍다.

프로판은 가스 상태일 때 공기보다 약 1.55배, 부탄은 약 2.08배 정도 무겁고, 액체일 경우에는 물보다 프로판은 약 0.51배, 부탄은 약 0.58배 가볍다.

- 따라서 사용 중 공기 중으로 누출되면 낮은 부분에 체류하게 되어 점화원에 의한 화재 및 폭발위험성이 있으므로 충분한 통풍 및 환기조치가 있어야 한다.

- 폭발성이 있다.

프로판과 부탄은 가연성 가스로서 그 가스가 가지는 폭발범위내에서는 폭발할 수 있다.

- 프로판의 경우 공기중 폭발범위는 2.1~9.5 %, 부탄의 경우는 1.8~8.4 %이다.
- 연소시 다량의 공기가 필요하다.

완전연소에 필요한 이론공기량은 프로판의 경우 가스량의 약 24배, 부탄의 경우는 약 31배 정도의 공기량이 필요하다.

- 공기량 부족 시는 불완전연소로 인하여 일산화탄소가 발생하여 인체에 해롭다.
- 발열량 및 청정성이 우수하다. LPG는 연소 시 높은 발열량을 갖는다.

프로판의 경우 24,000 kcal/Nm^3, 부탄의 경우는 30,000 kcal/Nm^{3}이다. 또한 연소생성물은 석유류나 석탄 등의 배기가스에 비해 황화합물이나 이산화화합물 등의 공해요소가 적어 그을음 발생이 적은 청정연료이다.

- LPG는 고무, 페인트, 테이프 등의 유지류, 천연고무를 녹이는 용해성이 있다. 무색무취이다. 액화석유가스의 주성분인 프로판과 부탄은 원래 무색 · 무취이나 공업용 및 연구용을 제외한 일반 가정용 연료와 자동차용의 가스에는 가스가 누출 시에 냄새로 쉽게 감지되도록 부취제 즉 티올(thiol)기(-SH)를 갖는 화합물인 메르캅탄(mercaptan)을 첨가한다.

DISCUSSION TIME

Q&D) LPG 주성분에 대해 토론해 봅시다.

LPG 주성분?

기타? :

H) LPG 주성분은 프로판(C_3H_8),부탄(C_4H_{10})이 대부분을 차지하고 있다.

(참고: Methane - 0 %, Ethane-0.20 %, Propane-57.30 %, Butane-41.10 %, Pentane-1.40 %)

그림 1-1. LPG 충전

DISCUSSION TIME

Q&D) 폭발에 대해 토론해 봅시다.

폭발이란?

기타? :

H) 폭발?

폭발현상 [explosive phenomenology, 爆發現象]

폭발은 일반적으로 압력의 급격한 발생 또는 개방시킨 결과로서 폭음(爆音) 을 수반하는 가스의 팽창 등이 일어나는 현상을 말한다. 일반적으로 화재와 함께 발생하는 경우가 많다.

폭발의 종류로는

(1) 가연성가스 또는 증기의 폭발(아세틸렌, 수소, 가솔린 등).

(2) 분해폭발성가스의 폭발(아세틸렌, 산화에틸렌 등).

(3) 가연성 미스트의 폭발(분출(噴出)된 작동유, 디젤기관 내의 경유 등).

(4) 가연성 분진의 폭발(곡물분진, 금속분말 등).

(5) 고체, 액체의 분해폭발(화약류, 과산화물 등).

(6) 수증기 폭발(용융금속 · 용융 염(鹽)과 물의 접촉이나 보일러 폭발과 같은 급격한 물의 비등).

(7) 기타 폭발

DISCUSSION TIME

Q&D) 폭발에 한계에 대해 토론해 봅시다.

폭발 한계?

기타? :

H) 폭발한계(explosion limit)

- 가연성가스, 증기는 공기 또는 산소 중에서 일정한 범위의 농도가 되었을 때에 연소가 일어난다.
- 이것은 화염이 자유로이 전파되어가기 의해서는 점화(點火)에 의해서 화염이 발생해도 그 연소에서 발생한 열량(熱量)이 다음 부분의 혼합기체를 발화온도까지 가열되지 않으면 연소가 계속되지 않기 때문이다.
- 따라서, 이 농도범위를 벗어난 혼합기체는 연소가 전파되지 않는다. 이 농도범위를 폭발범위(또는 연소범위)라 하며, 그 한계를 폭발한계(또는 연소한계)라 한다. 가연성가스 또는 증기에서는 저농도와 고농도의 2개 한계가 있으며, 전자를 폭발하한계, 후자를 폭발상한계라 한다.
- 이 한계의 수치는 가연성가스 또는 증기의 혼합기체에 대한 용적백분율을 사용해 표시하는 일이 많다.

H) 폭발한계(explosion limit)

표 1-7. 폭발한계(explosion limit)

가스명칭	폭발한계 (vol%)			
	공기와의 혼합		산소와의 혼합	
	하한계	상한계	하한계	상한계
수소	4	75	4	95
아세틸렌	2.5	100	2.3	100
에틸렌	2.7	36	2.9	80
프로판	2.1	9.5	2.25	57
부틸렌	1.6	10	1.8	58
부탄	1.85	8.5	1.8	49
이소부탄	1.8	8.4	1.8	48

DISCUSSION TIME

Q&D) 연소범위에 대해 토론해 봅시다.

연소? :

연소의 지속? :

연소범위? :

기타? :

H) 폭발한계(explosion limit)

Q) 연소, 폭발 범위?

가연성가스는 산소와 같은 조연성가스가 있어야 연소나 폭발로 이어질 수 있다.

이 범위(한계)는 공기와 가연성가스의 혼합물 중의 가연성가스의 부피(용량)%로 표시되며, 연소할 수 있는 가장 높은 농도범위를 상한이라하며, 최저농도를 하한이라한다.

가연성가스의 폭발범위를 보면 다음과 같다.

표 1-8. 가스 종류별 폭발범위

가스명	폭발범위(vol. %)		가스명	폭발범위(vol. %)	
	하한	상한		하한	상한
프로판	2.1	9.5	메탄	5	15
부 탄	1.8	8.4	일산화탄소	12.5	74
수 소	4	75	황화수소	4.3	45
아세틸렌	2.5	81	시안화수소	6	41
암모니아	15	28	산화에틸렌	3.0	80

DISCUSSION TIME

Q&D) 조리열에 대해 토론해 봅시다.

조리열의 전달 방법?

기타? :

H) 조리열의 전달 방법?

1) 전도(conduction)

2) 대류(convection)

3) 유도(induction)

4) 복사(radiation)

5) 전자파(microwave)

DISCUSSION TIME

전도 원리? :

조리용기를 열전도율 차이로 설명? :

조리용기를 비열 차이로 설명?

기타? :

H)

- 물질의 이동 없이 열에너지가 전달된다.
- 열에너지가 높은 온도부분에서 낮은 온도부분으로 전달된다.
- 즉 온도차에 의한 열전달이다.
- 이동하는 열에너지 = 온도차 × 열전도율(cal/cm · s · ℃)
- 열전도율 : 열전달 정도를 나타내는 물질별 수치이다.
- 비열(比熱, specific heat) : 물질 1 g을 온도 1 ℃ 높이는데 필요한 열량
- 일반적으로 기체의 열전도율은 액체보다 낮다. 예. 공기(0.000057), 물(0.001400)

Q) 금속재질별 열전도율, 비열?

표 1-9. 가스 종류별 폭발범위

금속	열전도율(cal/cm · s · ℃)	비열(cal/g · ℃)
Ag(silver, 은)	1	0.056
Al(aluminum, 알루미늄)	0.57	0.215
Cu(copper, 구리)	0.94	0.092
Fe(iron, 철)	0.175	0.107
Ni(nickel, 니켈)	0.21	0.105
Pt(platinum, 백금)	0.165	0.031
Sn(tin, 주석)	0.156	0.054

DISCUSSION TIME

Q&D) 대류(convection)에 대해 토론해 봅시다.

대류? :

대류의 예? :

기타? :

H) 대류(convection)

– 열에너지 전달물질(액체나 기체)이 이동하면서 열에너지를 전달.

온도 차이에 따라 액체나 기체의 부피변화에 따라 밀도가 변한다. 즉 밀도차에 의한 열의전달이다.

대류는 자연대류와 젓기 등에 의한 강제대류로 나눌 수 있다.

DISCUSSION TIME

Q&D) 유도(induction)에 대해 토론해 봅시다.

유도 원리? :

조리기구?

기타? :

H)

- 교류 자기장(Magnetic field) 근처에 금속 도체를 놓으면 자력선의 영향으로 도체에 전류가 유도된다. 이렇게 유도된 전류가 금속도체를 가열시켜 밥이나 찌개 등 조리가 가능하다.
- 인덕션 레인지: 제품 상판 아래에 있는 코일에 자력선이 발생되며, 이 자력선이 상판 위에 놓인 용기의 바닥을 통과하면서 유도된 전류에 의해 용기자체를 가열시켜 조리할 수 있게 해준다.
- 인덕션 전기밥솥: 일반적으로 열판 가열 방식의 전기밥솥과 외관은 유사하지만 내피(측면과 밑면)에 코일이 있다.

4장.

조리에서의 빛

1. 복사(radiation)

복사란 태양 빛이 대표적인 예이다. 열을 전달해주는 매개체 없이 직접 전달된다. 빛을 전자기복사선 또는 전자기파(electromagnetic wave)라고도 부른다. 난로 쬘 때, 숯불구이 등이 복사의 대표적인 예이다. 복사 에너지는 빛의 속도로 전달되는 신속한 가열방법이다. 그러나 오븐 등에서의 실제조리에서는 복사와 대류가 혼합된 상태에서 조리된다.

DISCUSSION TIME

Q&D) 복사(radiation)에 대해 토론해 봅시다.

빛 전달에 필요한 것? :

적외선? :

복사선 흡수를 위한 최적조건? :

복사선의 종류?

복사선의 에너지를 구하세요?(파장, 진동수, 파수)

기타? :

H)

- 열선(적외선, 770~4,000nm) - 복사선 흡수의 최적 조건? - 빛 종류

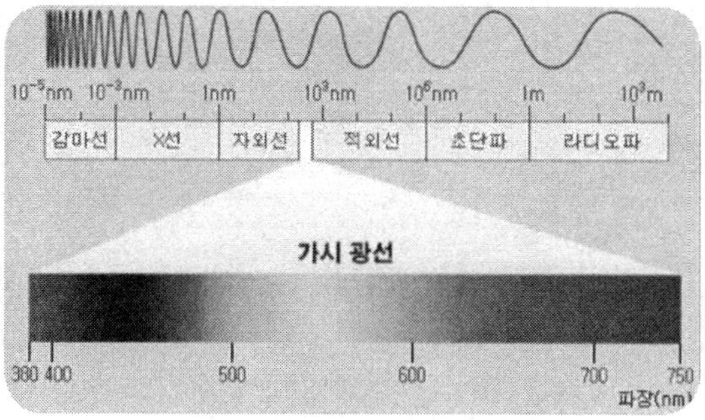

그림 1-2. 전자기복사선

- 빛의 성질: 파동성, 입자성을 동시에 가진다.

빛은 파장(wavelength), 주파수(frequency), 속도(velocity)와 진폭(amplitute)을 가지는 파동으로서의 특성 그리고 빛 에너지가 흡수되거나 방출되는 광자(photon)라는 입자로서의 성격을 가진다.

- 에너지를 가진 입자로서의 전자기파(빛)은 다음의 식으로 설명된다.

$E = h\nu = h \cdot c/\lambda$ [E : energy(joule), h : Plank 상수($6.62 \times 10^{-34}J \cdot s$), ν : 진동수(s^{-1})

c(광속도) : 3.0×10^{10} cm/s, λ (파장) : cm

2. 복사(radiation)선 흡수

빛이란 물질과 작용하여 매우 가치 있는 정보를 제공한다. 즉 분자들이 에너지를 흡수하면 일시적으로 혹은 영원히 변형하거나 섭동한다. 작은 에너지 복사선은 분자회전이나 결합진동만 일으킬 수 있다. 큰 에너지 복사선은 전자를 보다 높은 에너지준위로 들뜨게 한다. 그리고 훨씬 더 큰 에너지의 복사선은 결합을 끊고 분자를 분해하기도 한다.

Q) 빛(전자기복사선)이란 ?

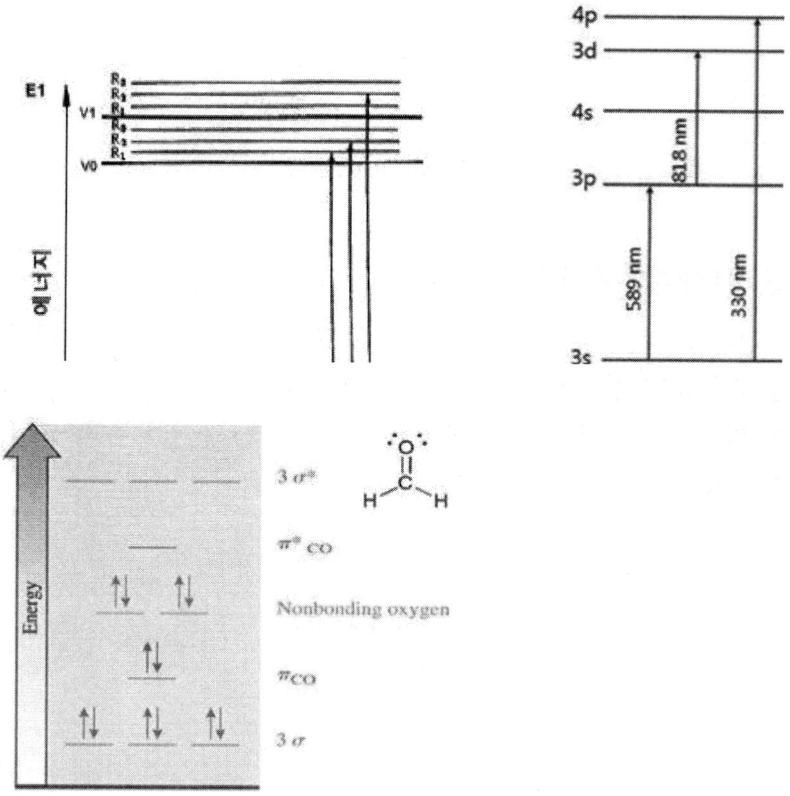

Formaldehyde의 전이. n→π* 전이는 285 nm에서, π→π* 전이는 187 nm에서 일어난다.

그림 1-3. 전자에너지 준위와 빛의 흡수

4장.

조리에서의 빛

3. 전자레인지 원리

전자레인지는 초단파(일반적인 사용주파수는 2,450 MHz)의 흡수로써 물분자의 회전진동에 의한 발생되는 열에 의한 조리원리이다. 이는 외부의 열원으로부터의 조리와는 달이 내부에서 발생되는 열로서 조리가 되는 특징을 가지고 있다.

DISCUSSION TIME

Q&D) 전자레인지 조리에 대해 토론해 봅시다.

조리특징? :

사용상 주의점? :

기타? :

H)

- 가열효과가 높고 가열속도가 빠르다(내부발열).
- 식품을 용기에 담은채 가열이 가능하다.
- 살균효과가 좋고 야채류 등에는 신선한 색과 형을 그대로 유지할 수 있다.
- 전자레인지 내부는 열기를 출하지 않기 때문에 늘 청결하다는 점 등

사용상주의

- 사용가능 용기류, 금속류 X,
- 폭발유의
- 조리시간 초과 시 딱딱하게 됨에 유의
- 전자파차폐

5장.

열전달 매개체

1. 물, 수증기

DISCUSSION TIME

Q&D) 조리과 관련된 물에 대해 토론해 봅시다.

물 특징? :

수소결합? :

물의 상평형? :

기타? :

H)

- 물 분자구조
- 분자식 : H_2O, 분자량 : 18
- 주요성질

강한 전기쌍극자(dipole moment)

물분자간 수소결합(hydrogen bonding)

높은 끓는점

얼음의 밀도보다 물의 밀도가 크다

유기, 무기 물질에 대한 효과적인 용매

높은 유전율(dielectric constant)

- 수소(H_2)와 산소(O_2)가 반응하여 물이 생성되며, 발열반응이다.

$H_2 + 1/2O_2 \leftrightarrow H_2O + 286\ kJ$

[4.184 kJ = 1 kcal]

- 역반응 즉 물이 수소와 산소로 분해되는 반응은 흡열반응으로, 같은 양의 열을 흡수한다. 그러나 물을 가열하면 수증기로 변할뿐 쉽게 수소와 산소로 분해되지는 않는다. 1,200 ℃ 이상으로 가열하여야 극히 적은 양(0.000745 %) 만이 분해되고, 3,000 ℃ 이상으로 가열하여도 10 % 정도의 물이 분해될 뿐이다.

- 그러나 실험실에서보다 간단한 방법 즉 전기분해에 의해 분해 가능하다.

표 1-10. 물질(물분자량과 비슷)의 물리적 성질

물질	화학식	분자량	녹는점(℃)	끓는점(℃)
메탄	CH_4	16	-183	-164
암모니아	NH_3	17	-77.7	-33
물	H_2O	18	0	100
불화수소	HF	20	-83	20

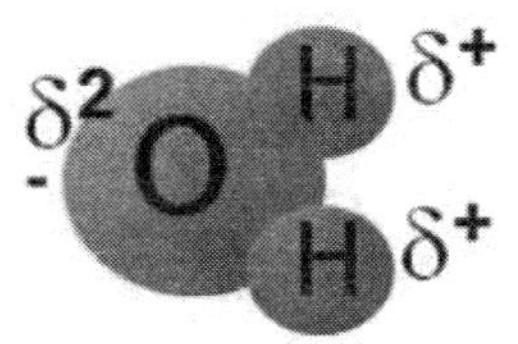

그림 1-4. 물분자 구조

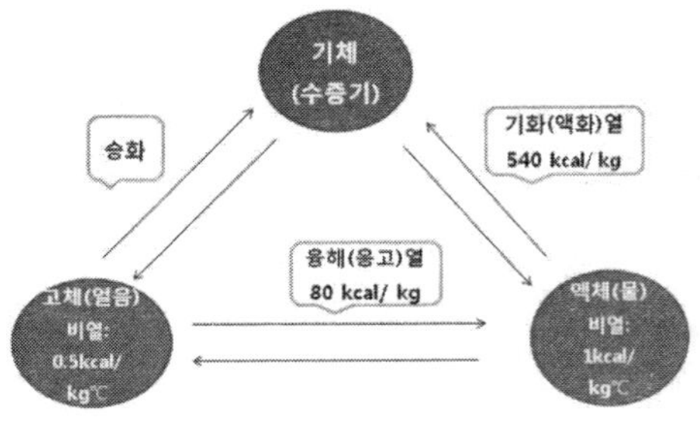

그림 1-5. 물의 상태변화와 에너지

- 물의 상평형

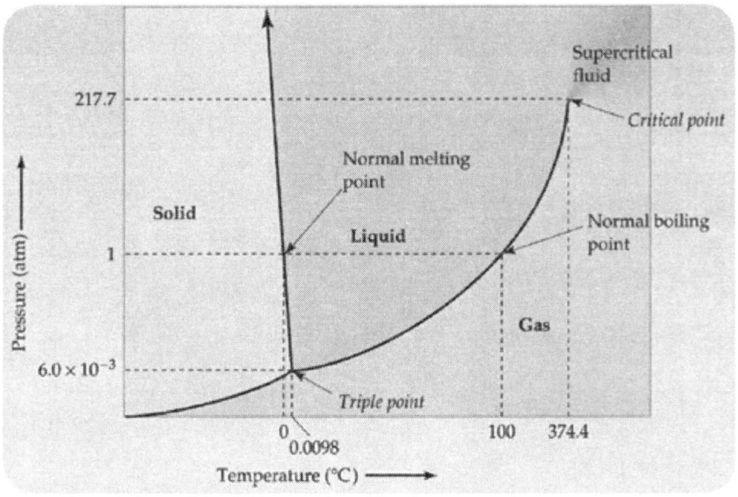

출처: google.com 이미지

그림 1-6. 물의 상평형

- 삼중점(triple point): 고체, 액체, 기체 세 상들이 평형으로 공존
- 삼중점에서의 온도 Tt는 0.0098 ℃이고, 압력 Pt은 6.0 × 10^{-3} atm이다.
- 삼중점에서 오른쪽 윗 방향으로 나타나는 액체/기체 경계선은 액체와 기체가 공존하고 물이 끓거나 수증기가 응축되는 압력과 온도이다.
- 액체/기체 경계선을 계속 따라 올라가다 보면 임계점을 만나게 된다.
- 임계온도(critical temperature, Tc)는 그 온도 이상에서는 아무리 압력이 커도 기체가 액화되지 않는 온도이다.
- 임계압력(critical pressure, Pc)은 임계점에서 기체를 액화하는 데 필요한 압력이다.
- 물의임계온도는 374.2 ℃, 임계 압력은 218 atm이다.
- 온도에 따른 물의 증기압력(압력에 따른 물의 끓는점)

표 1-11. 온도별 물의 증기압

온도(℃)	압력(mmHg)	온도(℃)	압력(mmHg)
0	4.6	60	149.4
10	9.2	70	233.7
20	17.5	80	355.1
21	18.7	90	525.8
22	19.8	91	546.0
23	21.1	92	567.0
24	22.4	93	588.6
25	23.8	94	610.9
26	25.2	95	633.9
27	26.7	96	657.6
28	28.3	97	682.1
29	30.0	98	707.3
30	31.8	99	733.2
40	55.3	100	760.0
50	92.5	110	1074.6

DISCUSSION TIME

Q&D) 다음의 압력변화에 따른 물의 끓는점에 대해 토론하고서 O, X로 답을 구해봅시다.

1) 기압은 공기의 압력이다 ( )

2) 높은 산에서는 평지보다 기압이 낮아진다 ( )

3) 기압이 낮아지면 물의 끓는점도 낮아진다 ( )

4) 물의 끓는점이 낮으면 물이 빨리 끓는다 ( )

5) 4)에 의해 조리시간이 단축되어 효율적이다 ( )

6) 높은 산에서 잘된 밥을 지을 수 있다 ( )

7) 압력밥솥은 높은 압력으로 인해 물의 끓는점이 높아 쌀의 호화가 잘되어 잘된 밥이 된다 ( )

기타? :

DISCUSSION TIME

Q&D) 밀도(density)와 비중(specific gravity)에 대해 토론해 봅시다.

밀도? :

비중? :

단위? :

기타? :

H)

- 밀도(density):물체의 질량을 부피로 나눈 값이며, g/mL 또는 g/L의 단위로 표현한다.
- 물질은 가열하면 일반적으로 부피가 팽창하므로 밀도는 온도에 따라서 변하게 된다. 질량에는 변화가 없지만, 그 부피가 증가하기 때문에 밀도는 감소한다.
- 비중(sg, specific gravity): 비중이란 물질의 질량과 그것과 같은 체적의 표준물질(증류수)과의 질량의 비를 말한다.
- 물의 밀도: 온도에 따라 밀도가 변하는데 100 ℃에서 4 ℃로 냉각될 때 수축하고 밀도가 커지나, 이 온도 이하에서는 다시 팽창하여 밀도가 작아지기 시작한다.
- 물의 밀도는 4 ℃에서 1.000 g/mL로 최대이나, 0 ℃에서는 0.9987 g/mL로 감소한다.
- 물이 얼게 되면 밀도는 더 떨어져서 0 ℃ 얼음의 밀도인 0.917 g/㎤에 도달한다.
- 얼음과 같이 밀도가 1 g/㎤보다 작은 물질들은 물 위에 뜨며, 밀도가 1 g/㎤보다 큰 물질들은 물속으로 가라앉는다.
- 물의 밀도(온도변화 따른)

표 1-12. 온도별 물의 밀도

온도(℃)	밀도(g/mL)	온도(℃)	밀도(g/mL)
-13	0.99693	20	0.99823
-10	0.99794	30	0.99568
-5	0.99918	40	0.99225
0	0.99987	50	0.98807
2	0.99993	60	0.98324
4	1.00000	70	0.97781
6	0.99997	80	0.97183
8	0.99988	90	0.96534
10	0.99973	100	0.95858

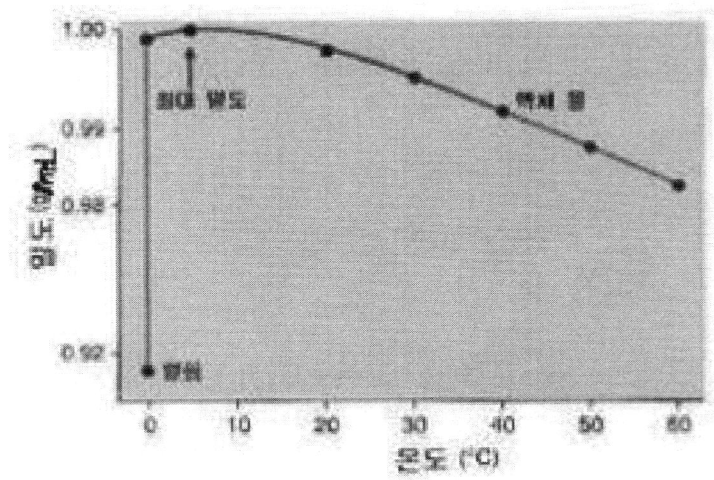

그림 1-7. 온도별 물의 밀도

Basic science for cooking

조리기초과학

2. 기름

DISCUSSION TIME

Q&D) 조리과 관련된 기름, 지방에 대해 토론해 봅시다.

기름, 지방 특징? :

포화, 불포화 지방산? :

필수지방산? :

기타? :

H)

- 기름(Oil) & 지방(fat)

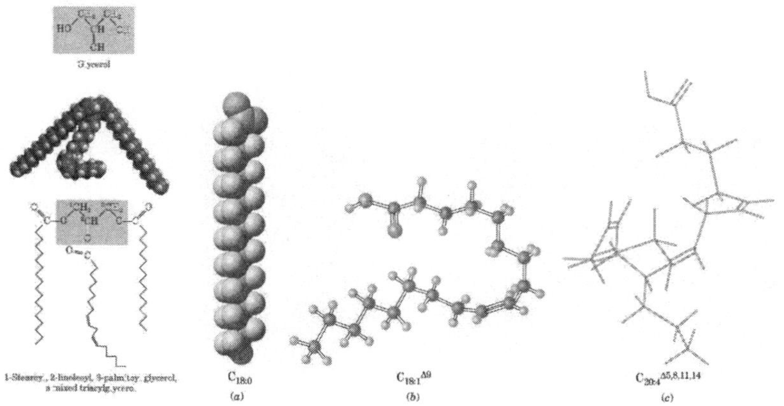

그림 1-8, 지방산의 구조식

(a) 스테이르산 (b) 올레산 (c) 아라키돈산 각각에 대한 공간채움, 공-막대 및 철사골격모형. 천연에서 생기는 불포화지방산의 이중결합의 시스 배향은 막에서와 같이 조밀하게 포개지는 반고체 구조를 억제하여 더 딱딱하고 굽은 분자를 생성한다.

H) 기름(Oil) & 지방(fat)

1) 색, 냄새, 맛 : 순수한 중성유지는 무색, 무취, 무미이나, 색소와 냄새성분이 포함.

2) 비중, 비열 : 비중 0.92~0.94, 비열 0.44~0.50로 물보다 가벼우며, 빨리 가열된다.

3) 융점(녹는점, m.p) : 포화지방산이 많을수록, 고급지방산이 많을수록 높아진다. 즉 불포화지방산이 많을수록, 저급지방산이 많을수록 낮아진다.

4) 비점(끓는점, b.p): 지방산의 탄소수의 증가에 따라 커지며, 포화지방산이 불포화 지방산보다 높다.

5) 용해성: 분자내에 친수기가 거의 없으므로 친수성 용매(극성용매)인 물, 알코올에는 잘 녹지 않으며, 소수성 용매(비극성용매)인 석유, 에터, 벤젠, 클로로폼 등에 쉽게 용해.

6) 점도(viscosity): 포화지방산, 고급지방산이 많을수록 증가하며, 유지를 고온에서 가열에 의해 산화중합 등으로 점도증가(튀김기름 품질변화)

DISCUSSION TIME

Q&D) 조리과 관련된 기름, 지방에 대해 토론해 봅시다.

불(화염)이 어떻게 일어날까?

발연점 ? :

인화점 ? :

연소점 ? :

기타? :

H) 발연점, 인화점, 연소점

- 발연점(smoke point): 유지를 가열할 때 표면에서 푸른색 연기가 발생하기 시작하는 온도로서 열에 의해 triglyceride가 분해되는 최저온도이다.

발생연기는 주로 아크로레인(acrolein), 지방산, 알데하이드, 케톤 등이다.

유리지방산과 이물질 함량이 많을 수록, 노출된 유지의 표면적이 클수록 발연점은 낮아진다.

- 인화점(flash point): 증기와 공기가 혼합되어 발화하는 온도(발연점 이상으로 가열 시)로서 약 300 ℃ 정도이나, 유리지방산 함량이 많으면 낮아진다(1 % 함유 시 약 25 ℃, 10 % 함유 시 약 70 ℃ 낮아진다)
- 연소점(fire point): 인화되어 계속적으로 연소하는 온도(인화점보다 20~60 ℃ 높다)

DISCUSSION TIME

Q&D) 조리과 관련된 기름, 지방에 대해 토론해 봅시다.

유화 ? :

유탁액 ? :

유화제 ? :

기타? :

H)

- 유화(emulsification) : 물과 기름 양쪽에 친화성이 있는 계면활성제(surfactant)에 의해 한쪽이 다른쪽에 분산되어 있는 상태인 유탁액(emulsion)이 된다.

- 유탁액

O/W(Oil in Water, 수중유적형, 水中油滴型);우유, 마요네즈, 아이스크림

W/O(Water in Oil, 유중수적형, 油中水滴型); 버터, 마가린

- 천연유화제: lecithin, 단백질, sterol, lipoprotein, 담즙산

- 합성유화제

Basic science for cooking

조리기초과학

6장.

열에너지 측정, 온도

1. 열에너지 측정

DISCUSSION TIME

Q&D) 조리과 관련된 열에너지에 대해 토론해 봅시다.

열에너지? :

측정법? :

온도 종류? :

기타? :

H)

- 열에너지측정
- 섭씨온도(℃): 1기압에서 물의 어는점(0 ℃)과 끓는점(100 ℃)을 100 등분한 온도이다. 오늘날 우리가 생활에서 흔히 사용하는 온도는 섭씨온도이다.

섭씨온도라는 말은 셀시우스(Anders Celsius, 1701-1744)의 이름을 따서 브르는 것이다. 1742년에 물의 끓는점과 어는점 사이를 100 등분한 온도척도를 만들었다. 그전까지 사용되던 것은 180 등분한 화씨온도(Fahrenheit scale, 1714년 발명)와 80 등분한 레무르온도(Reamur scale, 1730년 발명)가 있었다. 셀시우스가 발명한 온도 척도는 편리하여서 많이 사용되게 되었다.

- 화씨온도(℉): 1기압에서 물의 어는점(32 ℉)과 끓는점(212 ℉)을 180 등분한 온도이다.

섭씨온도(℃), 화씨온도(℉), 절대온도(K) 세가지 중에서 가장 먼저 나온 은도지만, 지금은 미국과 영국 정도에서만 쓰여지고 있다.

- 섭씨온도와 화씨온도의 관계

℃ / 100 = [℉ - 32] / 180 　　℃ = 5 / 9(℉ - 32) ℉ = 9 / 5 ℃ - 32

- 절대온도(K) : 과학에서 사용하는 온도 단위는 절대온도(Kelvin scale, 컬빈온도)이다. 이론적으로 생각할 수 있는 가장 낮은 온도를 0 K로 설정된 온도이며, 국제기본단위이다. 물의 어는점이 273.15 K이고 눈금 간격은 섭씨온도와 같다. 열역학적 온도라고도 부르며, 물질이 가질 수 있는 최저온도가 기준이므로 음수(-) 값은 존재하지 않는다.

절대온도(K)와 섭씨온도 사이의 관계는 다음과 같다.

K = ℃+273.15

DISCUSSION TIME

Q&D) 식품공전에서의 열에너지 측정에 대해 토론해 봅시다.

식품공전? :

열량? :

온도 종류? :

기타? :

H)

- 식품 관련온도(식품공전)
- 열량 : kcal, kj
- 온도의 표시는 셀시우스법(℃)을 쓴다.
- 표준온도는 20 ℃, 상온은 15~25 ℃, 실온은 1~35 ℃, 미온은 30~40 ℃로 한다.
- 따로 규정이 없는 한 찬물은 15 ℃ 이하, 온탕 60~70 ℃, 열탕은 약 100 ℃의 물로 "물 또는 물속에서 가열한다" 라 함은 따로 규정이 없는 한 그 가열온도를 약 100 ℃로 하되, 물 대신 약 100 ℃ 증기를 쓸 수 있다.
- 차고 어두운 곳(냉암소)이라 함은 따로 규정이 없는 한 0~15 ℃의 빛이 차단된 장소를 말한다.

DISCUSSION TIME

Q&D) 조리와 관련한 온도에 대해 토론해 봅시다.

조리 종류 및 온도? :

기타? :

H)

- 조리와 관련된 온도
- 삶기(70 – 1 00 ℃, 압력솥 100 – 120 ℃)
- 찌기(85 – 100 ℃)
- 튀기기(120 – 200 ℃)
- 구이(100 ℃ 이상)
- 급식 온도 : 뜨거운 음식(60 – 65 ℃), 차가운 음식(5 – 10 ℃)

Basic science for co

Part II.

실험 기초과학

학습목표

- 실험의 목적을 말할 수 있다.
- 국제단위를 설명할 수 있다.
- 유효숫자를 설명할 수 있다.
- 실험을 위한 농도를 계산할 수 있다.
- 조리 관련 실험에 대해 설명할 수 있다.

king

1장.

국제단위 및 농도

1. 국제단위(SI, 국제단위)

국제표준단위는 International Standard of Unit(Le Systeme Internation d'Unite's 그리스어의 약칭)으로 SI 단위로, 기본단위와 유도단위, 보충단위가 있다.

과학기술분야의 측정에 이용하는 단위는 국제단위계(International System-SI)를 사용함을 원칙으로 한다. SI 기본단위로 길이(m), 질량(kg), 시간(s), 전류(A), 온도(K), 물질량(mol), 빛세기(cd)가 있다.

표 2-1. 국제표준 기본단위

물리량	이 름	기호	정 의
길이	미터 (meter)	m	· 진공 중에서 빛이 (1/299,792,458)초 동안에 진행하는 경로의 길이 (1983)
질량	킬로그램 (kilogram)	kg	· 원기 (어떤 특정의 백금-이리듐으 원통)를 질량의 단위로 정한다 (1889)
시간	초 (second)	s	· 세슘-133원자가 갖는 바닥상태의 두 초미세 준위 사이의 전이에 해당하는 복사선이 가지는 주기의 9,192,631,770배의 지속 시간 (1967) [원자시계]
전류	암페어 (ampere)	A	· 길이가 무한대이며 무시할 수 있는 작은 원형 단면적을 갖고 또 진공 중에서 1m 떨어져 위치한 두 평행 직선도체 내에 같은 전류가 흐를 때 작용하는 힘이 미터당 2×10^{-7}N의 힘이 생기게 하는 일정한 전류 (1946)
열역학적 온도	캘빈 (Kelvin)	K	· 물의 삼중점이 가지는 열역학적 온도의 1/273.16인 온도 (1967)
물질의 양	몰 (mole)	mol	· 탄소(12)의 0.012㎏ 내의 원자수 만큼의 수[아보가드로수]를 포함하는 물질량[원자, 분자, 이온 등] (1971) 예) 각 물질 1 mol은 원자, 분자, 이온량에 g을 붙인 값이다. H_2O 1 mol = 1×2+16 = 18 g
광도	칸델라 (candela)		· 진동수가 540×10^{12}Hz 인 단색광을 방출하는 광원의 복사율이 스테라디안 당 1/683W 인 광도 (1979)

표 2-2. SI 유도 단위

물리량	단위의 이름	기호	단위의 정의
진동수	헤르츠(hertz)	Hz	$1Hz = 1s^{-1}$
속력, 속도	초당 미터	m/s	
각속도	초당 라디안	rad/s	
힘	뉴턴(newton)	N	$1N = 1kg \cdot m/s^2$
압력	파스칼(pascal)	Pa	$1Pa = 1N/m^2$
일, 에너지, 열량	줄(joule)	J	1J = 1N · m
일률, 전력	와트(watt)	W	1W = 1J/s
전하량	쿨롬(coulomb)	C	1C = 1A · s
전위차, 기전력	볼트(volt)	V	1V = 1W/A = 1J/C
전기 저항	옴(ohm)	Ω	1Ω = 1V/A
자기장, 자속 밀도	테슬라(tesla)	T	1T = 1Wb/m2
자속	웨버(weber)	Wb	1Wb = 1V · s
인덕턴스	헨리(henry)	H	1H = 1V · s/A

표 2-3. SI 보충 단위

물리량	단위의 이름	기호
평면각	라디안(radian)	rad
입체각	스테라디안(steradian)	Sr

표 2-4. SI 접두어

접두어	인자	기호	접두어	인자	기호
테라(tera)	10^{12}	T	피코(pico)	10^{-12}	p
기가(giga)	10^{9}	G	나노(nano)	10^{-9}	n
메가(mega)	10^{6}	M	마이크로(micro)	10^{-6}	μ
킬로(kilo)	10^{3}	k	밀리(milli)	10^{-3}	m
헥토(hecto)	10^{2}	h	센티(centi)	10^{-2}	c
데카(deca)	10^{1}	da	데시(deci)	10^{-1}	d

01 단위는 직립체로 씁니다 *이탤릭체*가 아님!

잘못된 사례 : 100 *m*, 70 *kg*, 60 *s*, 20 ℃
올바른 사례 : 100 m, 70 kg, 60 s, 20 ℃

02 숫자와 단위는 반드시 띄어 씁니다 단, 도(°), 분(′), 초(″)는 띄우지 않음!

잘못된 사례 : 100m, 70kg, 60s, 20℃, 50%, 90 °
올바른 사례 : 100 m, 70 kg, 60 s, 20 ℃, 50 %, 90°

03 소문자, 대문자를 정확히 사용합시다! 리터는 대문자 소문자 동시 사용

잘못된 사례 : 100 M, 70 KG, 60 S
올바른 사례 : 100 m, 70 kg, 60 s

04 일상생활에서 잘못 사용된 예

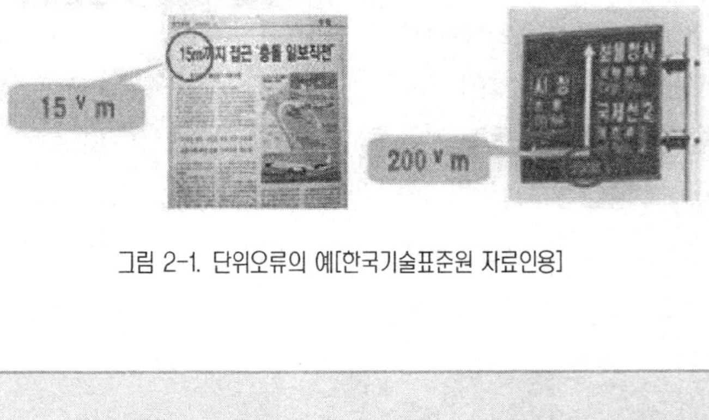

그림 2-1. 단위오류의 예[한국기술표준원 자료인용]

DISCUSSION TIME

Q&D) 표준관리는 어떻게 이루어질까요?

질량(무게) 표준? :

부피 표준? :

mL vs. cc(가능한 사용하지 말 것)

기타? :

H)

- 질량(무게) : 프랑스 파리에 있는 국제 킬로그램 원기로부터 교정된 국가 원기를 유지하고 있으며, 이 국가 원기로부터 질량 표준이 표준 분동과 저울을 통하여 연구기관, 학교, 산업체, 유통업체 및 가정까지 보급.
- 부피 : 부피 측정의 불확도는 금전 거래의 신용도와 연결되어있어 정밀 정확한 부피 측정 표준은 신용사회의 기반 요소가 됩니다. 예로서 요리용 용량 컵과 티스푼은 중요한 요리 용기입니다. 부피 측정 용기는 제작 시에 한국표준과학연구원에서 교정된 표준 부피 용기와 표준의 특성인 소급성이 연결되어야 요리안내서에서 의도되는 대로 요리가 될 수 있습니다. 이를 위하여 비커 및 피펫 등의 보급용 표준기를 이용하여 부피표준을 보급하고 있습니다. (출처: 한국표준연구원)

2. 유효숫자

유효숫자는 의미가 있는 숫자로서 실험(측정)하는 사람이 정확히 구하여야 한다.

1) 유효숫자 측정

눈금이 있는 측정도구를 이용하여 측정할 때에 최소 눈금 사이의 눈금이 없는 구간도 눈대중으로 값을 읽는다. 이와 같이 실험(측정)에서 얻은 값의 마지막 자리수는 의심스럽지만 유효숫자로 간주한다.

Q) 어떤 물체의 길이를 구하기 위해 최소단위가 1 mm인 자를 이용하여 얻은 실험결과로 옳은 것은?

1) 122 mm　　2) 122.4 mm　　3) 122.45 mm

2) 자리수를 나타내는 0의 유효숫자 및 유효숫자 표기

자릿수를 나타내기 위해 사용되는 0은 유효숫자가 아니다.

예) 0.0123 g에서 두 개의 0은 소숫점을 나타내기 위해 사용되었으므로 유효숫자가 아니다. 유효숫자는 1,2,3 3개이다. 그러므로 유효숫자를 명확히 하기 위해 1.23×10^{-2} g으로 표현한다.

3) 계산에 의한 유효숫자

① 덧셈, 뺄셈

덧셈, 뺄셈에 의한 답의 유효숫자는 가장 적은 개수의 소수자리를 가진 수에 의해 결정된다. 예로서

$$\begin{array}{r} 36.15\ \text{mL} \\ +\ 8.5\ \text{mL} \\ \hline 44.65\ \text{mL} \end{array}$$

이나, 반올림하여 소수점 첫째자리까지인 44.7 mL로 기록하여야 한다.

② 곱셈, 나눗셈

곱셈, 나눗셈에 의한 답의 유효숫자는 셈에서 사용된 가장 적은 유효숫자 갯수를 초과하지 못한다. 즉 곱셈 계산에 이용된 12.24의 유효숫자 4자리와 1.23의 유효숫자 3자리 중에서 작은 유효숫자인 3자리에 유효숫자가 지배되어 15.2 cm^2로 기록하여야 한다.

3. 농도계산

1) 물질

우리 주변에 존재하는 것 중에서 정신(혼)을 제외한 모든 것은 물질이다. 눈에 보이는 것뿐만 아니라 공기와 같이 눈에 보이지 않은 것도 있다. 물질의 계산을 위해 다음의 두가지인 크기성질과 세기성질을 이해할 필요가 있다.

- 크기성질(extensive property): 물질의 양에 의존한다.
  즉 덧셈법칙이 성립함.
  예) 질량, 10 g + 10 g = 20 g. [1 + 1 = 2]
- 세기성질(intensive property): 물질의 양에 의존하지 않는다.
  즉 덧셈법칙이 성립 안됨.
  예) 밀도 =질량/부피, 주어진 온도에서 일정하다. [1 + 1 = 1]

2) 농도 및 표기원칙

고체와 액체일 경우는 중량 대 중량 (w/w), 기체일 경우는 용량대 용량 (v/v)으로 표시함을 원칙으로 한다. 또한 원칙과 다른 단위는 표시를 생략할 수 없으며 정확히 기록하여야 혼돈을 방지할 수 있다.

(1) 백분율(%)

i) 중량 백분율(w/w%) : 액체 또는 고체혼합물 100g 중의 성분질량(g)을 표시

ii) w/v% : 액체 100 mL 중의 성분질량(g) 또는 기체 100 mL 중의 성분질량(g)을 표시

iii) 부피 백분율(v/v%) : 액체 100 mL 중의 성분용량(mL) 또는 기체 100 mL 중의 성분용량(mL)을 표시

(2) 백만분율(ppm : parts per million), ppm = 10^{-6}

(3) 십억분율(ppb : parts per billion), ppb = 10^{-9}

(4) 일조분율(ppt : parts per trillion), ppt = 10^{-12}

(5) 몰농도(M, molarity)

용액 1 L에 녹아 있는 용질의 mole수를 나타내며, mole/L, mmol/ mL의 단위로 나타낼 수 있으며 M으로 표시한다.

(6) 노르말농도(N, normality)

용액 1 L에 녹아 있는 용질의 g 당량수를 나타내며, g eq./L, meq./L 의 단위로 나타낼 수 있으며 N으로 표시한다.

(7) 몰랄농도(molality)

용매 1 L에 녹아 있는 용질의 mole수를 말한다.

〈참 고〉 그램원자량, 그램분자량, 그램화학식량

* 몰(mole, 약자로 mol) : 동위원소인 12C(탄소12)의 12g에 존재하는 원자수를 포함하는 물질량이다. 즉 원자, 분자, 이온 등은 너무나 작아서 한 개의 질량을 기록하기보다는 큰 묶음(6.022×10^{23}개) 단위인 mol을 사용한다.

즉 6.022×10^{23}개의 분자, 원자, 이온의 한 묶음을 1 mol이라하며, 그 무게는 분자량, 원자량, 이온량에 g을 붙인 무게이다.

예로서 포도당($C_6H_{12}O_6$, C=12, H=1, O=16)의 분자량=180(원자량합계)이므로 포도당 1 mol = 180 g이고, 여기에는 포도당 분자 6.022×10^{23}개가 존재한다.

(8) 기타농도

i) 용액의 농도를 (1→5), (1→10), (1→100) 등으로 나타낸 것은 고체시약 1 g 또는 액체시약 1 mL를 용매에 녹여 전량을 각각 5 mL, 10 mL,

100 mL 등으로 하는 것을 말한다.

또한 (1+1), (1+5) 등으로 기재한 것은 고체시약 1 g 또는 액체시약 1 mL에 용매 1 mL 또는 5 mL 혼합하는 비율을 나타낸다. 용매는 따로 표시되어 있지 않으면 물(증류수 등)을 써서 희석한다.

ii) 혼합액을 (1:1), (4:2:1) 등으로 나타낸 것은 액체시약의 혼합용량비 또는 고체 시약의 혼합중량비를 말한다.

3) 당량

〈참 고〉 당량(equivalent weight), 화학반응은 당량:당량으로 반응한다.

* 산, 염기의 당량 : 수소(H) 1개 원자(수소원자량 1 g)을 내든지 또는 수소(H) 1개 원자와 반응하는 물질의 양을 말하며, 화학반응에 따라 달라진다.

예로서 $HCl \rightarrow H^+ + Cl^-$, HCl 1몰(mol) = 1당량(eq)

$H_2SO_4 \rightarrow H^+ + HSO_4^-$, H_2SO_4 1몰(mol) = 1당량(eq)

$H_2SO_4 \rightarrow 2H+ + SO_4^{2-}$, H_2SO_4 1몰(mol) = 2당량(eq)

$N \times V = N' \times V'$, $N \times V \times F = N' \times V' \times F'$

* 산화제, 환원제의 당량 : 산화, 환원의 반응에 관여한 전자수에 따라 결정된다.

4) 농도변환: 중량대 중량(w/w) ⇔ 중량대 용량(w/v)

대기 중의 먼지나 mist 등의 농도를 표시할 경우에 사용되며, 단위부피당 분진의 무게(mg/m^3, $\mu g/m^3$)의 표시가 일반적으로 많이 사용된다. 이때에 부피는 표준상태의 부피이며 Sm^3로 표시한다.

[$Sm^3 = m^3 = nm^3$는 모두 표준상태(0℃, 1기압)를 의미한다] 이와의 구별을 위해 실측상태의 기체의 부피는 am^3으로 나타낸다. 실측상태의 기체부피는 별도규정이 없는 한 표준상태로 환산하 사용함이 바람직하다.

오염물질이 기체일 때에 그 기체의 분자량(Mw)을 알면 다음의 유도된 환산식으로부터 mg/m^3, $\mu g/m^3 \rightarrow ppm$, $ppm \rightarrow mg/m^3$, $\mu g/m^3$으로 바꿀 수 있다.

ex. SO_2 gas, Mw = 64.06, 1 mole → 22.41 L(S.T.P)

$$1ppm = 10^{-3}\,L/m^3 = 10^{-3}L/m^3 \times \frac{64.06\ g/mol}{22.41\ L/mol} = 2.85\ (mg/m^3)$$

$$\therefore C' = C \times \frac{Mw}{22.41}\ (mg/m^3)$$

$mg / m^3 = ppm \times Mw / 22.4$,	$\mu g/m^3 = ppm \times Mw / 22.4 \times 10^{-3}$
$ppm = mg / m^3 \times 22.4 / Mw$,	$ppm = \mu g / m^3 \times 22.4 / Mw \times 10^3$

5) 농도계산 실제문제

(1) 시판되는 염산(HCl)의 농도는 37.0 %(w/w)이다. 밀도 1.18(g/mL)[비중 1.18]일 때 아래의 값을 구하세요. HCl의 Mw(분자량) = 36.5이다

[hint : 염산 1 L를 기준으로 계산을 하세요]

i) M(몰)농도 [hint : 용질 mol수/용액 1 L]

ii) N(노말)농도 [hint : 용질 당량수/용액 1 L]

iii) m(몰랄)농도[hint : 용질 mol수/용매 1 kg]

iv) 몰분율 :

v) 용액을 희석하여 10.0 %(w/w) HCl을 만들려면 어떻게 혼합하면 됩니까?

Basic science for cooking

조리기초과학

2장.

혼합물 제조법

무게% 농도가 서로 다른 두 용액을 혼합하여 중간 농도의 용액을 만드는 경우이다. [원칙적으로 무게%일 때만 덧셈법칙이 적용된다. 부피% 경우는 적용되지 않을 수도 있다]

A(%)의 진한용액 a g과 B(%) 묽은 용액을 b g을 혼합하여 C(%)용액을 만든다.

용질전체의 양은 혼합 전후에 동일하다. 즉

혼합전 용질량 : $aA + bB$, 혼합후 용질량 : $C(a + b)$

$aA + bB = C(a + b)$, $aA - aC = bC - bB$, $a(A - C) = b(C - B)$

$\therefore a : b = (C - B) : (A - C)$, 단 $A > C > B$

A(%) a(C − B) mL와 B(%) b(A − C) mL를 혼합하면 C(%) c(a + b) mL가 된다. A 〉 C 〉 B

A(%) ↘ ↗ a(C − B) g

C(%)

B(%) ↗ ↘ b(A − C) g

예) 진한 H_2SO_4(98 %, w/w)을 증류수로 묽혀 10 %(w/w) 용액을 만들려고 한다. H_2SO_4과 증류수를 몇 g 씩 섞으면 되는가?. 답 : H_2SO_4 10 g과 증류수 88 g을 혼합하면 된다.

H_2SO_4 : 98(%) ↘ ↗ 10 g

10(%)

증류수: 0(%) ↗ ↘ 88 g

예) 10 %의 NaCl 수용액 500 g을 만드는데 필요한 NaCl과 물의 양

NaCl, 100(%) ↘ ↗ 10 g

10(%)

물, 0(%) ↗ ↘ 90 g

NaCl 10 g을 증류수 90 g에 녹이면 100 g NaCl용액이 만들어지므로 500 g NaCl 용액에는 NaCl 50 g + 증류수 450 g

$\frac{x}{500} \times 100 = 10$ $x = 50$ ∴ 소금 50g + 물 450g

3장.

혼합물의 분리 및 정제

1. 여과(거름, filteri ng)

일반적으로 액체에 녹지 않는 고체를 분리하는 방법이다. 즉 고체-액체의 분리를 가리킨다. 분리하기 위한 고체입자의 크기와 농도는 다양하며, 여과재로는 실험실에서는 종이여과지, 유리여과기, 다공성 금속 등이 사용된다. 또한 여과를 빠르게 하기 위해 여과재의 양쪽에 압력차를 두어 액체의 투과를 촉진 시키는 흡인여과나 가압여과가 있다. 이외에도 가열 또는 원심분리를 응용한 것 경우도 있다.

그리고 분리하고자하는 고체 입자가 0.1 ~ 수 ㎛정도의 콜로이드 입자 등을 여과시키기 위해 다양한 지름의 구멍을 가진 콜로디온막이나 셀로판막을 사용하는 한외여과(限外濾過)도 있다.

2. 증류

액체를 가열하면 끓는점(bp, boili ng point)에서 기체로 변한다. 발생된 기체를 끓는점 이하 온도로 냉각하면 다시 액체를 얻을 수 있다.

비휘발성 고체가 녹아 있는 용액의 경우 이의 원리를 이용하기 위해 가열하면 액체는 증기로 되고, 고체는 남게 되어 분리할 수 있다. 예로서 소금물을 가열하면 소금을 얻을 수 있다.

또한 서로 섞이는 액체에서도 끓는점의 차이를 이용하여 각각 분리할 수 있다. 예로는 물과 에탄올의 혼합물 그리고 원유 정제를 들 수 있다.

증류의 방법에는 일반적으로 다음과 같이 4가지를 들 수 있다. 단순증류, 분별증류, 수증기증류와 감압증류가 있다. 단순증류를 제외한 나머지를 살펴본다.

1) 분별증류

그림과 같은 분별증류관(fractional distillation column)을 이용하여 단순증류의 여러번 반복한 효과를 얻을 수 있는 효율적인 증류법이다.

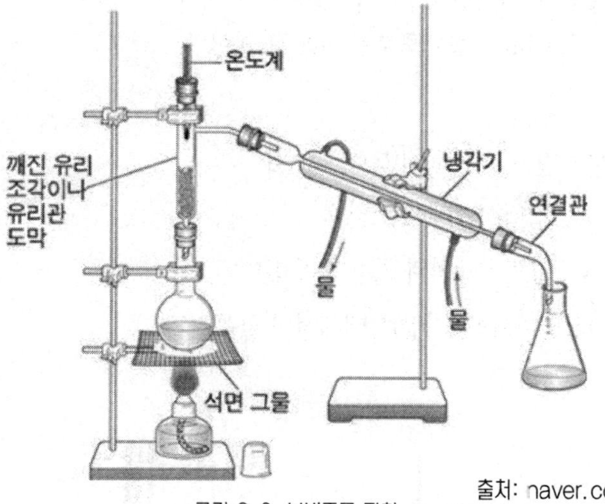

출처: naver.com 이미지

그림 2-2. 분별증류 장치

2) 수증기증류

물과 섞이지 않거나 거의 섞이지 않는 휘발성 유기화합물은 물과 유기화합물의 혼합물을 동시에 증류하는 수증기 증류로 분리하거나 정제할 수 있다. 즉 서로 섞이지 않는 혼합물의 끓는점은 혼합물 성분 중 가장 낮은 끓는점을 가진 성분의 끓는점보다 낮은 온도에서 끓게 된다.

예로서 조단백질 정량에서 NH_3 증류장치를 예로 들 수 있다.

3) 감압증류

액체의 끓는점은 액체의 전체 증기압이 외부압력과 같아지는 온도로 알려져 있다. 액체를 증류할 때는 외부 압력이 대기압인 조건이 가장 간편하다. 그러나 많은 경우에 정상 끓는점 이하에서 화합물이 분해되거나 산화되거나 또는 분자 재배열을 하기 때문에 끓는 온도를 더 낮출 필요가 있다.

때로는 소량 존재하는 불순물이 높은 온도에서 그와 같은 반응을 촉진시킬 수도 있다. 대기압보다 낮은 압력에서는 끓는 온도가 더 낮으므로 낮은 압력에서 증류를 하면 이와 같은 문제점이 해결될 수 있다. 이런 기술을 vacuum distillation이라고 한다.

감압상태의 끓는점은 그 정상끓는점으로부터 그림 2-3을 이용해 추정할 수 있는데 이러한 그래프는 물리화학 교과서에 나오는 다음과 같은 Clausius-Claypron 식으로부터 유도된 것이다.

$$\log(760 / P) = 5.64 \times [(bp / T) - 1]$$

여기서 P : 감압상태에서의 압력

T : 압력 P에서의 끓는 온도(K)

bp : 대기압(1기압)상태에서의 끓는점

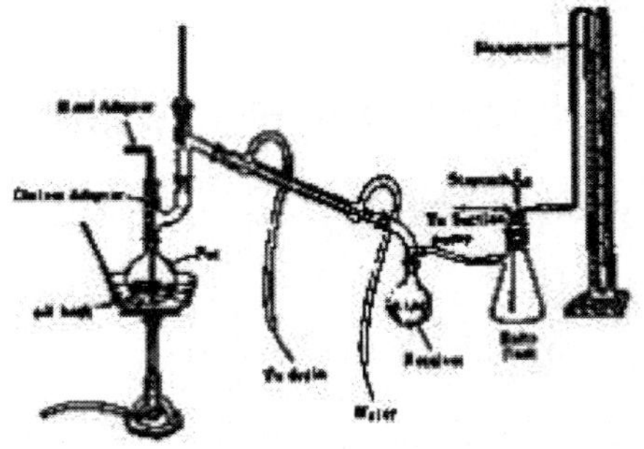

그림 2-3. 감압증류 장치

3. 추출(extraction)

추출(extraction)은 용매에 따라서 화합물이 녹는 특성이 큰 차이를 보이는 경우에 사용되는 분리 방법이다. 음식물이나 커피를 물에 넣고 끓이는 것도 물에 잘 녹는 성분이 녹아 나오는 추출 현상을 이용하는 예이다.

이처럼 고체에 포함되어 있는 화합물을 녹여내는 경우는 물론이고, 수용액과 유기 용매에 녹는 특성이 다른 점을 이용한 추출 방법도 널리 사용한다. 물에 잘 녹지 않는 유기 용질은 유기 용질을 잘 녹이면서도 물과 섞이지 않는 유기 용매를 사용하여 유기 용매 층으로 추출할 수 있다.

벤젠이나 헥세인처럼 물보다 밀도가 작은 유기 용매는 물보다 위에 층을 이루게 되고, 다이클로로메테인(dichloromethane, CH_2Cl_2)[관용명;메틸렌 클로라이드]이나 클로로폼과 같이 밀도가 큰 유기 용매는 물보다 아래에 층을 이루게 된다. 물과 유기 용매가 담긴 분별 깔때기를 잘 흔들어 주면 용질이 두 용매 층 사이에서 평행을 이루게 되고, 이 때 층에서의 용질의 농도비를 분배계수(distribution coefficient)라고 부른다.

$$K = \frac{\text{용매 A에서의 용해도}}{\text{용매 B에서의 용해도}}$$

분배계수가 1보다 큰 경우에는 같은 부피의 용매 A와 B를 사용할 때에 처음에 B에 녹아있던 용질의 절반 이상이 용매 A로 옮겨가게 되고, 용매 A를 분리해서 적당한 방법으로 용매를 제거하면 순수한 용질을 얻을 수 있게 된다. 이런 추출 방법을 여러 차례 반복해서 적용하면 용질을 상당히 순수한 형태로 얻을 수 있으며, 광물이나 석유 정제 또는 식품 가공 등에 널리 활용되고 있다.

홍차나 커피에 포함되어 있는 카페인(caffeine)을 뜨거운 물로 추출해 낸 다음에 물과 섞이지 않는 메틸렌 클로라이드 용매를 사용해서 물에 녹아있는 카페인을 순수한 상태로 분리할 수 있다.

4. 분별 깔대기법

서로 섞이지 않는 액체 혼합물을 밀도의 차이를 이용하여 분리한다. 예로서 물과 에테르, 물과 석유의 혼합된 상태를 분리할 수 있다.

5. 분별 결정

1) 분별 결정(재결정)

온도에 따라 용해도의 차이가 큰 물질을 분리할 수 있다. 여러번의 분별 결정을 얻어 순수한 물질을 만들 수 있다.

2) 승화법

승화성이 있는 물질과 승화성이 없는 물질이 혼합된 경우에 승화성을 가진 물질을 분리할 수 있다. 승화란 물질이 고체에서 액체를 거치지 않고서 기체로 변화되는 것으로 대표적인 물질로는 요오드, 나프탈렌, 드라이아이스를 들 수 있다.

6. 크로마토그래피

1) 크로마토그래피

고정상과 이동상으로 구성된 크로마토그래피에서 혼합물의 두 상간의 친화력의 차이를 이용하여 분리할 수 있다. 이동상에 따라 크게 액체 및 기체 크로마토그래피로 나눌 수 있다.

2) 이온크로마토그래피

이온 교환 수지을 이용하여 이온을 분리해 낼 수 있다. 예로서 양이온교환수지를 이용하여 물 속의 Ca^{2+}, mg^{2+} 제거 가능하다.

DISCUSSION TIME

Q&D) 혼합물 분리에 대해 토론해 봅시다.

분리방법에 따른 예 ? :

상처가 났을 때 바르는 소독약인 요오드팅크는 용액 100 mL 중에 요드(I_2) 60 g과 요드화칼륨(KI) 40 g이 70 % 에탄올에 용해되어 있다. 이것은 에탄올과 함께 산화제로 작용하여 소독약으로 쓰이고 있다.

요오드팅크 용액을 그 구성 물질로 분리하는 과정을 설명하세요? :

기타? :

H)

- 가열, 증류, 용해도, CCl_4

4장.

용액, 콜로이드

조리에서 고체, 액체 등 식재료 물질이 녹아 있는 용액, 또는 분산된 상태를 접할 기회가 많다. 물질이 액체에 녹은 것을 용액(溶液, solution)이라 부른다. 특히 용매가 물일 때를 수용액이라 한다.

DISCUSSION TIME

용액 ? :

용해(녹이는 것) ? :

녹이는 것과 녹는 것을 어떻게 판단 ? : 예로서 설탕물, 소금물 1컵이 있다. 물이 설탕, 소금을 녹였을까요, 설탕, 소금이 물을 녹였을까요?

용해도 ? :

용매 ? :

용질 ? :

용액 종류 ? :

기타? :

H)

- 용액(溶液, solution): 물질이 액체에 녹은 것을 용액이라 한다. 녹이는 물질을 용매(溶媒, solvent), 녹는 물질을 용질(溶質, solute), 녹는 현상을 용해(溶解)라한다. 그리고 용매가 물일 때를 수용액이라 한다.
- 용해도: 어느 온도에서 용매 100 g에 녹을 수 있는 용질의 최대 g수로 나타낸다. 용해된 양에 따라 다음과 같이 분류된다.
- 포화용액: 일정량의 용매에 용질이 최대한으로 녹은 용액
- 불포화 용액: 포화상태에 이르지 않아 용질이 더 녹을 수 있는 용액
- 과포화 용액: 용질이 한도 이상으로 녹은 용액을 말한다
- 재결정: 불순물을 포함한 결정을 정제할 때 이용할 수 있다. 온도의 변화에 따라 용해도의 차가 큰 물질을 냉각시켜 다시 결정으로 만드는 방법이다.
- 조해: 공기 중에서 수분을 흡수해서 녹는 현상
- 풍해: 결정수를 잃고 결정이 부서지는 현상을 풍해

DISCUSSION TIME

Q&D) 용액의 성질에 대해 토론해 봅시다.

비점(bp) 상승? :

빙점(mp) 강하? :

상승, 강하 정도? :

기타? :

H)

- 증기압 곡선 : 액체는 그 온도에 따라 액체의 표면에서 공간으로 향하여 일정한 압력으로 기체가 발생한다. 이와 같은 압력을 증기압이라 한다
- 용액의 증기압 강하 : 비전해질, 비휘발성 용질이 녹은 용액의 증기압은 순수 용매의 증기압보다 낮으며, 이와 같은 현상을 증기압 강하라한다
- 비등점 상승과 빙점 강하 : 용매 1 kg에 용질 1몰이 녹은 용액의 비등점 상승을 몰오름이라 하며 용매 1 kg에 용질 1몰이 녹은 용액의 빙점 강하 용액의 빙점강하를 몰내림 이라한다
- 라울의 법칙 : 비전해질의 묽은 용액의 비등점과 빙점에 대한 법칙

DISCUSSION TIME

Q&D) 콜로이드의 성질에 대해 토론해 봅시다.

콜로이드(colloid)? :

졸(sol)? :

겔(gel)? :

콜로이드 성질? :

기타? :

H)

- 콜로이드(colloid) : 용질이 용매에 완전히 녹아 있는 용액과는 달리 보통의 분자나 이온보다 크고, 지름이 1 nm~100 nm 정도의 미립자가 기체 또는 액체 중에 분산된 상태를 콜로이드 상태라고 하며, 콜로이드 상태로 되어 있는 전체를 콜로이드라고 한다. 교질(膠質)이라고도 한다. 예로서 생물체를 구성하고 있는 물질의 대부분이 콜로이드이다.
- 졸(sol) : 액체 중에 콜로이드입자가 분산하고 유동성을 가지고 있는 상태
- 겔(gel) : 콜로이드 용액(졸)이 일정한 농도 이상으로 진해져서 튼튼한 그물조직이 형성되어 굳어진 것을 말한다. 이 현상을 겔화라 한다. 예로서 두부, 한천(寒天) 등이 있다. 이들은 콜로이드입자의 그물조직 사이에 용매인 물 등이 들어가 굳어버린 것이며, 다시 온도를 올려 주면 분자운동이나 그 밖의 원인에 의하여 조직이 파괴되어 다시 유동성 액체로 될 수도 있다.
- 분산질과 분산매 : 콜로이드입자가 분산하고 있는 것을 분산질, 그것을 둘러싸고 있는 것을 분산매라고 한다. 콜로이드에는 여러 종류가 있으나 분산질과 분산매의 종류에 따라 나누어진다. 또한 일반적으로 액체 중에 액체가 분산해 있는 것을 에멀션(乳濁液), 액체 중에 고체가 분산해 있는 것을 서스펜션(懸濁液)이라 하며, 어느 경우나 분산해 있는 입자가 콜로이드 차원이면 콜로이드라고 할 수 있고, 전자를 에멀션 콜로이드, 후자를 서스펜션 콜로이드라고 한다.
- 콜로이드 용액의 특유한 성질 : 콜로이드는 용액과는 달리 입자가 용해되지 않고 균일하게 퍼져 용매 속에서 떠다니는 양상을 띤다. 콜로이드 용액에 강한 빛을 쬐어 측면에서 보면 빛

의 통로가 밝게 나타난다. 이것을 틴들 현상이라고 하며, 또한 콜로이드 입자가 용매분자나 다른 분자와 충돌하여 불규칙적으로 돌아다니는 운동을 브라운 운동이라고 하며, 이 운동은 입자가 작을수록 격렬하게 된다. 콜로이드 입자는 일반적으로 대전(帶電)하고 있다.

콜로이드 용액이 안정하게 존재하고 있는 것은 콜로이드 입자가 같은 종류의 전기를 띠고 있어 서로 반발하고 있기 때문이다.

- 친수 콜로이드에서는 입자가 물의 얇은 막으로 덮여 있기 때문에 소량의 전해질을 가하면 전해질이 물 분자를 끌어들이므로 콜로이드 입자에 덮인 수막(水膜)이 소실하여 침전하게 된다. 이 현상을 염석(鹽析)이라고 한다.
- 소수 콜로이드에 친수 콜로이드를 가하면, 일반적으로 염석하기 어렵게 되어 버린다. 이와 같은 작용을 하는 콜로이드를 보호 콜로이드라고 한다. 예를 들면, 먹물에서는 탄소입자를 아교질이 보호하는 상태의 콜로이드가 되어 탄소입자를 물속에 분산시킨다.
- 콜로이드 용액을 정제(精製)하는 데는 방광막(膀胱膜), 셀로판막 등과 같은 반투막(半透膜)이 사용된다. 반투막은 분자나 이온 따위는 자유로이 통과시키나 콜로이드 입자는 통과시키지 못한다. 따라서 콜로이드 용액은 반투막을 지나서 밖으로 빠져나오지만 콜로이드입자는 그 안에 남게 되어 콜로이드 용액을 정제할 수 있게 한다. 이 방법을 투석(透析)이라고 한다.
- 젤라틴 : 동물의 가죽 · 힘줄 · 연골 등을 구성하는 천연 단백질인 콜라겐을 뜨거운 물로 처리하면 얻어지는 유도 단백질의 일종
- 한천(寒天, agar) : 우뭇가사리의 열수추출액의 응고물인 우무를 얼려 말린 해조가공품. 우무는 여름에 얼음을 띄운 콩국에 말아 먹는 청량음식으로 또는 단팥묵(양갱) 등의 과자원료, 의약품 원료나 미생물 배양의 한천 배양기로도 많이 이용되고 있다.

Basic science for cooking

조리기초과학

5장.

식품공전(食品公典) 일반원칙, 용어풀이 및 원재료

1. 일반원칙

이 공전에서 따로 규정한 것 이외에는 아래의 총칙에 따른다.

① 이 공전의 수록범위는 다음 각 호와 같다.

· 식품위생법 제7조제1항의 규정에 따른 식품의 제조 · 가공 · 사용 · 조리 및 보존방법에 관한 기준과 그 식품의 성분에 관한 규격

· 식품위생법 제9조제1항의 규정에 따른 기구 · 용기 · 포장의 제조방법에 관한 기준과 기구 · 용기 · 포장 및 그 원재료에 관한 규격

· 식품위생법 제10조제1항의 규정에 따른 식품 · 식품첨가물과 기구 · 용기 · 포장 및 유전자재조합 식품 등의 표시기준

② 계량 등의 단위는 국제 단위계를 사용한 아래의 약호를 쓴다.

· 길이 : m, cm, mm, μm, nm

· 용량 : L, mL, μL

· 중량 : kg, g, mg, μg, ng, pg

· 넓이 : cm^2

· 열량: kcal, kj

③ 중량백분율을 표시할 때에는 %의 기호를 쓴다. 다만, 용액 100 mL 중의 물질함량(g)을 표시할 때에는 w/v %로, 용액 100 mL중의 물질함량(mL)을 표시할 때에는 v/v %의 기호를 쓴다. 중량백만분율을 표시할 때에는 mg/kg의 약호를 사용하며 ppm의 약호를 쓸 수 있으며, mg/L도 사용할 수 있다.

④ 온도의 표시는 셀시우스법(℃)을 쓴다.

⑤ 표준온도는 20 ℃, 상온은 15~25 ℃, 실온은 1~35 ℃, 미온은 30~40 ℃로 한다.

⑥ 따로 규정이 없는 한 찬물은 15 ℃ 이하, 온탕 60~70 ℃, 열탕은 약 100 ℃의 물로 "물 또는 물속에서 가열한다" 라 함은 따로 규정이 없는 한 그 가열온도를 약 100 ℃로 하되, 물 대신 약 100 ℃ 증기를 쓸 수 있다.

⑦ 차고 어두운 곳(냉암소)이라 함은 따로 규정이 없는 한 0~15 ℃의 빛이 차단된 장소를 말한다.

⑧ 시험에 쓰는 물은 따로 규정이 없는 한 증류수 또는 정제수로 한다.

⑨ 용액이라 기재하고 그 용매를 표시하지 아니하는 것은 물에 녹인 것을 말한다.

⑩ 감압은 따로 규정이 없는 한 15 mmHg 이하로 한다.

⑪ pH를 산성, 알카리성 또는 중성으로 표시한 것은 따로 규정이 없는한 리트머스지 또는 pH 미터기(유리전극)를 써서 시험한다. 또한, 강산성은 pH 3.0 이하, 약산성은 pH 3.0~5.0, 미산성은 pH 5.0~6.5, 중성은 pH 6.5~7.5, 미알카리성은 pH 7.5~9.0, 약알카리성은 pH 9.0~11.0, 강알카리성은 pH 11.0 이상을 말한다.

⑫ 용액의 농도를 (1→5), (1→10), (1→100) 등으로 나타낸 것은 고체시약 1 g 또는 액체시약 1 mL를 용매에 녹여 전량을 각각 5 mL, 10 mL, 100 mL 등으로 하는 것을 말한다. 또한 (1+1), (1+5) 등으로 기재한 것은 고체시약 1 g 또는 액체시약 1 mL에 용매 1 mL 또는 5 mL 혼합하는 비율을 나타낸다. 용매는 따로 표시되어 있지 않으면 물을 써서 희석한다.

⑬ 혼합액을 (1 : 1), (4 : 2 : 1) 등으로 나타낸 것은 액체시약의 혼합용량비 또는 고체시약의 혼합중량비를 말한다.

⑭ 방울수(滴水)를 측정할 때에는 20℃에서 증류수 20방울을 떨어뜨릴 때 그 무게가 0.90 ~ 1.10 g이 되는 기구를 쓴다.

⑮ 네슬러관은 안지름 20 mm, 바깥지름 24 mm, 밑에서부터 마개의 밑까지의 길이가 20 cm의 무색유리로 만든 바닥이 평평한 시험관으로서 50 mL의 것을 쓴다. 또한 각 관의 눈금의 높이의 차는 2 mm이하로 한다.

⑯ 원자량 및 분자량은 최신 국제원자량표에 따라 계산한다.

⑰ 시험에 있어 규정된 값(규격치라 한다)과 시험에서 얻은 값(실험치라

한다)을 비교하여 적부판정을 할 때에, 실험치는 규격치보다 한자리 수 까지 더 구하여 더 구한 한자리수를 반올림해서 규격치와 비교 판정한다. 또 규격치가 a~b라고 기재된 것은 a이상 b이하임을 말한다.

⑱ 무게를 "정밀히 단다"라 함은 달아야 할 최소단위를 고려하여 0.1 mg, 0.01 mg 또는 0.001 mg까지 다는 것을 말한다. 또 무게를 "정확히 단다"라 함은 규정된 수치의 무게를 그 자리수까지 다는 것을 말한다.

⑲ 검체를 취하는 양에 "약"이라고 한 것은 따로 규정이 없는 한 기재량의 90 ~ 110%의 범위 내에서 취하는 것을 말한다.

⑳ 건조 또는 강열할 때 "항량"이라고 기재한 것은 다시 계속하여 1시간 더 건조 혹은 강열할 때에 전후의 칭량차가 이전에 측정한 무게의 0.1 %이하임을 말한다. 다만, 칭량차가 화학천칭을 썼을 때 0.5 mg이하, 마이크로 화학천칭을 썼을 때 0.01 mg이하인 경우에는 항량으로 본다.

㉑ 데시케이타의 건조제는 따로 규정이 없는 한 실리카겔(이산화규소)로 한다.

㉒ 시험은 따로 규정이 없는 한 상온에서 실시하고 조작 후 30초 이내에 관찰한다. 다만, 온도의 영향이 있는 것에 대하여는 표준온도에서 행한다.

㉓ "타르색소"라 함은 타르색소의 알루미늄레이크를 포함한 것을 말한다.

㉔ 제 5.에서 정하고 있는 "보존료"라 함은 "데히드로초산 및 그 염류(나트륨), 소르빈산 및 그 염류(칼륨, 칼슘), 안식향산 및 그 염류(나트륨, 칼륨, 칼슘), 파라옥시안식향산류(메틸, 부틸, 에틸, 프로필, 이소부틸, 이소프로필), 프로피온산 및 그 염류(나트륨, 칼슘)"를 말한다.

㉕ 제 5.에서 정하고 있는 "산화방지제"라 함은 "디부틸히드록시톨루엔, 부틸히드록시아니졸, 터셔리부틸히드로퀴논, 몰식자산프로필, 이 · 디 · 티 · 에이이나트륨, 이 · 디 · 티 · 에이칼슘이나트륨"을 말한다.

㉖ 이 공전에서는 가공식품에 대하여 다음과 같이 식품군(대분류), 식품종(중분류), 식품유형(소분류)으로 분류한다.

· 식품군 : '제 4. 규격외 일반가공식품의 기준 및 규격' 그리고 '제 5. 식품별 기준 및 규격'에서 대분류하고 있는 음료류, 조미식품 등을 말한다.

· 식품종 : 식품군에서 분류하고 있는 곡류가공품, 과일 · 채소류음료, 탄산음료, 식초 등을 말한다.

· 식품유형 : 식품종에서 분류(세분류를 포함한다)하고 있는 농축과 · 채즙, 과 · 채주스, 발효식초, 합성식초 등을 말한다(다만, 식품유형이 없는 것은 식품종을 식품유형이라 할 수 있다).

㉗ 이 공전에 정하여진 기준 및 규격에 대한 적 · 부판정은 이 공전에서 규정한 시험방법으로 실시하여 판정하는 것을 원칙으로 한다. 다만, 이 공전에서 규정한 시험방법보다 더 정밀하다고 인정된 방법을 사용할 수 있다. 다만, 미생물 및 독소 등에 대한 시험에는 상품화된 kit를 사용할 수 있으나, 그 결과에 대하여 의문이 있다고 인정될 때에는 규정한 방법에 의하여 시험하고 판정하여야 한다.

㉘ 이 공전에서 기준 및 규격이 정하여지지 아니한 잔류농약, 동물용의약품, 중금속 등 유해물질 등에 관한 적 · 부 판정은 잠정적으로 국제식품규격위원회(CAC : Codex Alimentarius Co mmission)규정을 준용할 수 있으며, 국제식품규격위원회 규정이 없는 경우에는 식품의약품안전청장이 해당 물질에 대한 외국의 기준 및 규격과 일일섭취허용량(ADI) 및 해당 식품의 섭취량 등 해당물질별 관련 자료를 종합적으로 검토하여 판정할 수 있다.

㉙ 이 공전의 '제 5. 식품별 기준 및 규격'에서 따로 정하여진 시험방법이 없는 경우에는 '제 10. 일반시험법'의 해당 시험방법에 따르고, 이 공전에서 기준 · 규격이 정하여지지 아니하였거나 기준 · 규격이 정하여져 있어도 시험방법이 수재되어 있지 아니한 경우에는 CAC 규정, AOAC(Association of Official Analytical Chemists), PAM(Pesticide Analytical Manual) 등의 시험방법에 따라 시험할 수 있다. 만약, 상기 시험방법에도 없는 경우에는 다른 법령에 정해져 있거나 국제적으로 통용되는 공인시험방법에 따라 시험할 수 있으며 그 시험

법을 제시하여야 한다.

㉚ 이 공전의 '제9. 검체채취 및 취급방법'에 따라 같은 조건에서 여러 개의 시험검체가 의뢰된 경우, 그 중 하나이상 부적합이면 검사대상 전체를 부적합으로 처리한다.

2. 용어 풀이

① "정의"는 해당 개별식품을 규정하는 것으로 "식품유형"에 분류되지 않은 식품도 "정의"에 적합한 경우는 해당 개별식품의 기준 및 규격을 적용할 수 있다. 다만, 별도의 개별기준 및 규격이 정하여 있는 경우는 그 기준 및 규격을 우선적으로 적용하여야 한다.

② "A, B, C, ……등"은 예시 개념으로 일반적으로 많이 사용하는 것을 기재하고 그 외에 관련된 것을 포괄하는 개념이다.

③ "A 또는 B"는 "A와 B", "A나 B", "A 단독" 또는 "B 단독"으로 해석할 수 있으며, "A, B, C 또는 D" 역시 그러하다.

④ "A 및 B"는 A와 B를 동시에 만족하여야 한다.

⑤ "적절한 ○○과정(공정)"은 식품의 제조 · 가공에 필요한 과정(공정)을 말하며 식품의 안전성, 건전성을 얻으며 일반적으로 널리 통용되는 방법이나 과학적으로 충분히 입증된 방법을 말한다.

⑥ "식품 및 식품첨가물은 그 기준 및 규격에 적합하여야 한다"는 해당되는 기준 및 규격에 적합하여야 함을 말한다.

⑦ "보관하여야 한다"는 원료 및 제품의 특성을 고려하여 그 품질이 최대로 유지될 수 있는 방법으로 보관하여야 함을 말한다.

⑧ "가능한 한", "권장한다"와 "할 수 있다"는 위생수준과 품질 향상을 유도하기 위하여 설정하는 것으로 권고사항을 뜻한다.

⑨ "이와 동등이상의 효력을 가지는 방법"은 기술된 방법이외에 일반적으로 널리 통용되는 방법이나 과학적으로 충분히 입증된 것으로 위생학적, 영양학적, 관능적 품질의 유지가 가능한 방법을 말한다.

⑩ 정의 또는 식품유형에서 "○○ %, ○○ %이상, 이하, 미만" 등으로 명시되어 있는 것은 원재료 또는 성분배합시의 기준을 말한다.

⑪ "특정성분"은 가공식품에 사용되는 원재료로서 제 1. 3. 식품원재료 분류 등에 의한 단일식품의 가식부분을 말한다.

⑫ "건조물(고형물)"은 원재료를 건조하여 남은 고형물로서 별도의 규격이 정하여 지지 않은 한, 수분함량이 15 % 이하인 것을 말한다.

⑬ "고체식품"이라 함은 외형이 고체인 식품과 직접 음용하지 아니하는 페이스트(paste)형태, 시럽(syrup)형태, 겔형태 등의 식품을 포함한다.

⑭ "액체 또는 액상식품"이라 함은 유동성이 있는 액체상태의 것 또는 액체상태의 것을 그대로 농축한 것을 말한다.

⑮ "환(pill)식품"이라 함은 식품을 구상으로 만든 것을 말한다.

⑯ "과립(granule)식품"이라 함은 식품을 입자형태로 만든 것을 말한다.

⑰ "분말(powder)식품"이라 함은 입자의 크기가 과립형태보다 작은 것을 말한다.

⑱ "유탕 또는 유처리"라 함은 식품의 제조 공정상 식용유지로 튀기거나 제품을 성형한 후 식용유지를 분사하는 등의 방법으로 제조 · 가공하는 것을 말한다.

⑲ "유통기간"이라 함은 소비자에게 판매가 가능한 기간을 말한다.

⑳ "규격"은 최종제품에 대한 규격을 말한다.

㉑ "검출되어서는 아니된다"라 함은 이 공전에 규정하고 있는 방법으로 시험하여 검출되지 않는 것을 말한다.

㉒ "원료에서 유래되는"은 원료가 해당 기준 및 규격에 적합하거나 품질이 양호한 원료에서 불가피하게 유래되었음이 공인된 자료, 문헌으로 입증할 경우 인정할 수 있다.

㉓ 냉동 · 냉장식품의 보존온도는 이 공전에서 따로 정하여진 것을 제외하고는 냉동은 −18 ℃이하, 냉장은 0 ~ 10 ℃를 말한다.

㉔ "이물"이라 함은 정상식품의 성분이 아닌 물질을 말하며 동물성으로 절족동물 및 그 알, 유충과 배설물, 설치류 및 곤충의 흔적물, 동

물의 털, 배설물, 기생충 및 그 알 등이 있고, 식물성으로 종류가 다른 식물 및 그 종자, 곰팡이, 짚, 겨 등이 있으며, 광물성으로 흙, 모래, 유리, 금속, 도자기파편 등이 있다.

㉕ "살균"이라 함은 따로 규정이 없는 한 세균, 효모, 곰팡이 등 미생물의 영양세포를 사멸시키는 것을 말한다.

㉖ "멸균"이라 함은 따로 규정이 없는 한 미생물의 영양세포 및 포자를 사멸시켜 무균상태로 만드는 것을 말한다.

㉗ "밀봉"이라 함은 용기 또는 포장 내외부의 공기유통을 막는 것을 말한다.

㉘ "초임계추출"이라 함은 임계온도(기체상에서 액체상으로 전이가 이루어지는 지점의 온도)와 임계압력(임계온도에서 기체를 액화시키는데 필요한 가장 낮은 압력) 이상의 상태에 있는 액화이산화탄소를 쉽키는여 식품원료 또는 식품으로부터 식용성분을 추출하는 것을 말한다.

㉙ "가공식품"이라 함은 식품원료(농, 임, 축, 수산물 등)에 식품 또는 식품첨가물을 가하거나, 그 원형을 알아볼 수 없을 정도로 변형(분쇄, 절단 등) 시키거나 이와 같이 변형시킨 것을 서로 혼합 또는 이 혼합물에 식품 또는 식품첨가물을 사용하여 제조 · 가공 · 포장한 식품을 말한다. 다만, 식품첨가물이나 다른 원료를 사용하지 아니하고 원형을 알아볼 수 있는 정도로 농 · 임 · 축 · 수산물을 단순히 자르거나 껍질을 벗기거나 소금에 절이거나 숙성하거나 가열(살균의 목적 또는 성분의 현격한 변화를 유발하는 경우를 제외한다) 등의 처리과정 중 위생상 위해 발생의 우려가 없고 식품의 상태를 관능으로 확인할 수 있도록 단순처리한 것은 제외한다.

㉚ "식품용수"라 함은 식품의 제조, 가공 및 조리 시에 사용하는 물을 말한다.

㉛ "장기보존식품"이라 함은 장기간 유통 또는 보존이 가능하도록 제조 · 가공된 식품을 말한다.

㉜ "심해"란 태양광선이 도달하지 않는 수심이 200 m 이상 되는 바다를 말한다.

㉝ "주정처리"라 함은 식품의 제조공정 상 주정을 사용하여 제품을

침지하거나 분사하는 등의 방법을 말한다.

㉞ "건삼" (태극삼 포함)은 수삼을 햇볕 · 열풍 또는 기타의 방법으로 익히지 아니하고 말린 것, "홍삼" 은 수삼을 증기 또는 기타의 방법으로 쪄서 익혀 말린 것, "인삼농축액 및 홍삼농축액" 은 수삼 · 건삼 및 홍삼으로부터 물이나 주정 또는 물과 주정을 혼합한 용매로 추출, 여과하여 그대로 농축한 것을 말한다.

㉟ "이매패류" 라 함은 두장의 껍데기를 가진 조개류로 대합, 굴, 진주담치, 가리비, 홍합, 피조개, 키조개, 새조개, 개량조개, 동죽, 맛조개, 재첩류, 바지락, 개조개 등을 말한다.

㊱ "냉장온도측정값" 이라 함은 냉장고 또는 냉장설비 등의 내부온도를 측정한 값 중 가장 높은 값을 말한다.

3. 식품원재료 분류

다음의 식품원재료 분류는 일반적인 분류로서 당해 식품과 원재료의 특성 및 목적에 따라 이 분류에 의하지 아니할 수 있다.

1) 식물성 원료

① 곡류 : 쌀, 보리, 밀, 호밀, 귀리, 조, 수수, 옥수수, 메밀, 율무, 기장, 피, 퀴노아, 트리테케일 등

② 두류 : 대두, 팥, 녹두, 강낭콩, 완두, 동부, 잠두, 리마콩, 이집트콩, 그린콩, 검정콩, 렌즈콩 등

③ 서류 : 감자, 고구마, 카사바, 얌, 토란, 마, 곤약 등

④ 채소류

ⓐ 엽경채류 : 갓, 근대, 꽃양배추, 락교, 명일엽(신선초), 미나리, 배추, 벨기에의 엔디브, 부추, 브로콜리, 브루셀스프라우트, 상추, 샐러리, 시금치, 쑥갓, 아스파라거스, 아욱, 양배추, 양상추, 케일, 파, 골파, 대파, 파슬리, 팍쵸(청경채) 등

(b) 근채류 : 무, 순무, 당근, 양파, 연근, 우엉, 토란, 마 등

(c) 과채류 : 오이, 호박, 토마토, 가지, 오크라, 딸기, 참외, 멜론, 수박, 서양호박, 월과 등

⑤ 과실류 : 감, 감귤류(밀감, 오렌지, 자몽, 레몬, 라임, 유자, 금귤, 탱자, 만다린 등), 다래, 대추, 망고, 매실, 모과, 무화과, 바나나, 배, 버찌, 복숭아, 비파, 사과, 산대추, 살구, 석류, 아보카도, 아세로라, 앵두, 오디, 오얏, 으름, 자두, 키위, 파인애플, 파파야, 포도, 까막까치밥(블랙커런트), 두리안, 람부탄, 망고스틴, 양앵두(체리), 월귤, 코코넛, 용안 등

⑥ 땅콩 또는 견과류 : 땅콩, 아몬드, 개암(헤즐너트), 밤, 호두, 잣, 피칸, 은행, 도토리, 상수리, 마카다미아, 피스타치오, 캐슈너트 등

⑦ 유지식물류 : 참깨, 들깨, 흑임자(검정깨), 해바라기, 올리브, 달맞이꽃씨, 목화씨, 유채씨(카놀라씨), 팜, 홍화씨 등

⑧ 향신식물 : 겨자, 계지, 계피(육계), 고수열매, 고추, 고추냉이, 로즈마리, 마늘, 몰약, 바실, 박하, 백리향, 사프란, 산초, 생강, 서양박하, 소두구, 월계잎, 육두구, 정향, 차조기, 파프리카, 피망, 회향, 후추 등

⑨ 버섯류 : 갓버섯, 나도팽나무버섯(맛버섯), 느타리버섯, 목이버섯, 석이버섯, 송이버섯, 싸리버섯, 양송이버섯, 영지버섯, 팽이버섯, 표고버섯, 황금뿔나팔버섯, 흰들버섯(Agaricus blazei) 등

⑩ 감미식물 : 사탕무우, 사탕수수, 단수수, 감초 등

⑪ 기호식물류 : 결명자, 구기자(열매), 당귀(승검초 : 잎, 뿌리), 두충(잎, 수피), 마테, 오갈피나무(오가피, 열매, 잎), 오미자, 자스민, 차(Camellia sinensis), 치커리, 카밀레, 카카오, 커피, 코코아, 호프 등

⑫ 야생식물류 : 고비, 고사리, 곰취, 냉이, 달래, 더덕, 도라지, 돌나물, 돌외잎(덩굴초), 두릅, 둥글레, 마타리, 머우, 물방기, 복분자딸기, 산딸기, 삽주(어린순), 솔잎, 쑥, 씀바귀, 원추리, 잔대, 질경이(어린잎), 참나리, 취, 칡(뿌리) 등

⑬ 조류 : 갈래곰보, 갈파래, 곰피, 김, 꼬시래기, 다시마, 돌가사리, 둥근돌김, 뜸부기, 매생이, 모자반, 미역, 불등가사리, 석묵, 스피루리나, 우뭇가사리, 진두발, 청각, 클로렐라, 톳, 파래 등

2) 동물성 원료

① 식육류 : 쇠고기, 돼지고기, 양고기, 염소고기, 토끼고기, 말고기, 사슴고기, 닭고기, 꿩고기, 오리고기, 거위고기, 칠면조고기, 메추리고기 등

② 우유류 : 우유, 산양유 등

③ 어류 : 가다랑어, 가물치, 가오리, 가자미, 갈치, 강달이, 고등어, 꽁치, 날치, 넙치, 노가리, 노래미, 농어, 다랑어, 대구, 도루묵, 도미, 돔, 망둥어, 메기, 멸치, 명태, 미꾸라지, 민어, 박대, 방어, 밴댕이, 뱀장어, 뱅어, 병어, 복어, 볼기우럭, 볼락, 붕어, 붕장어, 빙어, 삼치, 상어, 새치, 서대, 송어, 숭어, 쌍둥가리, 쏘가리, 양미리, 연어, 우럭, 은대구, 은어, 임연수어, 잉어, 장어, 전갱이, 전어, 정어리, 조기, 준치, 쥐치, 참붕어, 청어, 향어, 홍어 등

④ 심해성어류 : 쏨뱅이류(적어포함, 연안성어종 제외), 금눈돔, 칠성상어, 얼룩상어, 악상어, 청상아리, 기름치, 곱상어, 귀상어, 은상어, 청새리상어, 흑기흉상어, 다금바리, 체장메기(홍메기), 블랙오레오도리(Allocyttus niger), 스므스오레오도리(Pseudocyttus maculatus), 오렌지라피(Hoplostethus atlanticus), 붉평치, 먹장어(연안성 제외), 흑점샛돔(은샛돔), 파타고니아이빨고기, 은민대구(뉴질랜드계군에 한함) 등

⑤ 다랑어류 및 새치류 : 참다랑어, 남방참다랑어, 날개다랑어, 눈다랑어, 황다랑어, 돛새치, 청새치, 녹새치, 백새치, 황새치, 백다랑어, 가다랑어, 점다랑어, 몽치다래, 물치다래 등

⑤ 패　류 : 굴, 홍합, 꼬막, 재첩, 소라, 고둥, 대합, 전복, 바지락, 조개류 등

⑦ 갑각류 : 새우, 게, 바닷가재, 가재, 방게, 크릴 등

⑧ 연체류 : 문어, 오징어, 낙지, 갑오징어, 개불, 군소, 꼴뚜기, 주꾸미, 해파리 등

⑨ 극피 또는 척색류 : 성게, 해삼, 멍게, 미더덕 등

⑩ 알　류 : 계란, 오리알, 메추리알 등

⑪ 어란류 : 명태알, 연어알, 철갑상어알 등

⑫ 기타 : 메뚜기, 식용누에번데기, 식용개구리, 식용달팽이, 식용자라, 악어고기, 타조, 캥거루고기, 오소리, 뉴트리아 등

3) 기 타

인삼(뿌리 · 엽), 대나무(죽순 · 엽), 고로쇠수액, 자작나무수액, 제비집, 조직배양삼(조직배양 방법은 사전검토를 요함) 등

Basic science for cooking

조리기초과학

6장.

열량 및 영양성분

식품으로부터 우리는 에너지와 영양성분을 취한다. 열량은 검체 100 g 중의 조단백질, 조지방 및 탄수화물 또는 당질의 함량에 단백질 4, 지방 9, 당질 4의 계수를 곱하여 각각의 에너지를 킬로칼로리(kcal)단위로 산출하고 그 총계로 나타낸다.

DISCUSSION TIME

Q&D) 아래 흰죽을 예로하여 음식의 열량과 영양성분에 대해 토론해 봅시다.

열량은 어떻게 얻어질까요 ? :

영양성분에 대해 알아봅시다 :

영양성분을 알아내는 방법은 ? :

1일 필요로하는 영양성분의 양은 ? :

기타? :

표 2-5. 흰죽의 열량과 영양성분

음식명 : 흰죽	중량 : 1인분(320 mL)	
영양소 및 성분량	열량(Energy)	240.1 kcal
	당질(carbohydrate)	53 g
	단백질(Protein)	4.6 g
	지질(Fat)	0.3 g
	콜레스테롤(Cholesterol)	0 mg
	조섬유(Crude Fiber)	0.2 g
	칼슘(Ca)	9.7 mg
	철분(Fe)	0.9 mg
	나트륨, 소듐(Na)	1 mg
	비타민A(Vitamin A)	0μg RE
	비타민B2(Vitamin B2)	0.02 mg
	비타민C(Vitamin C)	0 mg
	비타민E(Vitamin E)	0 mg

7장.

식품접객업소(집단급식소 포함)의 조리식품 등에 대한 기준 및 규격(식품공전)

1. 정의

"식품접객업소(집단급식소 포함)의 조리식품" 이란 유통판매를 목적으로 하지 아니하고 조리 등의 방법으로 손님에게 직접 제공하는 모든 음식물(음료수, 생맥주 등 포함)을 말한다.

2. 원료 기준

1) 원료의 구비요건

① 원료는 선도가 양호한 것으로서 부패 · 변질되었거나 유독 · 유해물질 등에 오염되지 아니한 것이어야 한다.

② 원료 및 기구 등의 세척, 식품의 조리, 먹는물 등으로 사용되는 물은 「먹는물 관리법」의 수질기준에 적합한 것이어야 하며, 노로바이러스가 검출되어서는 아니된다(수돗물은 제외).

③ 식품접객업소에서 사용하는 얼음은 세균수가 1 mL당 1,000이하, 대장균 및 살모넬라가 250 mL당 음성이어야 하며, 기타 이화학적 규격은 제5. 식품별 기준 및 규격 29-17 얼음류의 기준 및 규격에 적합한 것이어야 한다.

④ 식용을 목적으로 채취, 취급, 가공, 제조 또는 관리되지 아니한 동 · 식물성 원재료는 식품의 조리용으로 사용하여서는 아니된다.

2) 원료의 보관 및 저장

(1) 공통

① 모든 식품등은 위생적으로 취급하여야 하며 쥐, 바퀴벌레 등 위해생물에 의하여 오염되지 않도록 보관하여야 한다.

② 식품등은 세척제나 인체에 유해한 화학물질, 농약, 독극물 등과 함께 보관하여서는 아니된다.

③ 기준규격이 정해진 식품등은 정해진 기준에 따라 보관 · 저장하여야 하며, 농 · 임 · 축 · 수산물 중 선도를 유지해야 하는 원료의 경우에는 냉장 또는 냉동 보관하여야 한다.

④ 세척 등 전처리를 거쳐 식품에 바로 사용할 수 있는 식품이나 가공식품은 바닥으로부터 오염되지 않도록 용기 등에 담아서 청결한 장소에 보관하여야 한다.

⑤ 개별표시된 식품등을 제외하고, 냉장으로 보관하여야 하는 경우에는 10 ℃ 이하, 냉동으로 보관하여야 하는 경우에는 -18 ℃ 이하에서 보관하여야 한다.

⑥ 냉동식품의 해동

ⓐ 냉동식품의 해동은 위생적으로 실시하여야 한다.

ⓑ 해동 후 바로 조리하지 않을 때는 냉장 보관하여야 한다.

ⓒ 한 번 해동한 식품은 다시 냉동하여서는 아니된다.

(2) 식품별

① 곡류(쌀, 보리, 밀가루 등)

ⓐ 건조하고 서늘한 곳에 위생적으로 보관하여야 한다.

ⓑ 곰팡이가 피거나 색깔이 변하지 않도록 보관하여야 한다.

② 유지류(참기름, 들기름, 현미유, 옥수수기름, 콩기름 등) 및 유지함유량이 많은 견과류 등은 직사광선을 받지 아니하는 서늘한 곳에 보관하거나, 냉장 또는 냉동 보관하여야 한다.

③ 축 · 수산물(쇠고기, 돼지고기, 생선 등)은 각각 위생적으로 포장하여 다른 식품과 용기, 포장 등으로 구분하여 냉장 또는 냉동 보관하여야 한다.

④ 과일 및 채소류(사과, 배, 복숭아, 포도, 배추, 무, 양파, 오이, 양배추, 시금치 등)는 세척한 채소와 세척하지 않은 채소가 섞이지 않도록 따로 보관하여야 한다.

⑤ 기타식품

ⓐ 조미식품은 이물의 혼입이나 오염방지를 위하여 마개나 덮개를 닫아 보관하여야 한다.

ⓑ 두부는 냉장 보관하여야 한다.

3. 조리 및 관리기준

① 사용 중인 튀김용 유지는 산가 3.0 이하이어야 한다.

② 식품의 조리에 직접 접촉하는 기구류는 부식 등으로 인한 오염이 되지 않도록 관리하여야 한다.

③ 조리한 식품은 위생적인 용기 등에 넣어 조리하지 않은 식품과 교차오염 되지 않도록 관리하여야 한다.

④ 가능한 한 조리한 식품 중 냉면육수 등 찬 음식의 보관은 10 ℃이하에서, 따뜻한 음식의 보관은 60 ℃이상에서 보관하여야 한다.

⑤ 어패류를 보관하기 위한 수족관 물은 위생적으로 관리되어야 한다. 다만, 불가피하게 수족관의 거품제거, 정수 등의 목적으로 사용되는 물질은 식품원료로 사용가능한 것이거나, 식품첨가물 중 이산화염소, 이산화규소 및 규소수지의 성분규격에 적합한 것이어야 한다.

⑥ 야채 또는 과실의 세척에 세척제를 사용하는 경우에는 「위생용품의 규격 및 기준」(보건복지부 고시)에 따른 야채 또는 과실용 세척제의 규격에 적합한 것을 사용하여야 하며, 야채 또는 과실 이외에는 세척제를 사용하여서는 아니된다.

4. 규격

1) 조리식품 등

① 성상 : 고유의 색택과 향미를 가지고 이미 · 이취가 없어야 한다.

② 이물 : 식품은 원료의 처리과정에서 그 이상 제거되지 아니하는 정도 이상의 이물과 오염된 비위생적인 이물을 함유하여서는 아니된다. 다만 다른 식품이나 원료식물의 표피 또는 토사 등과 같이 실제에 있어 정상적인 조리과정 중 완전히 제거되지 아니하고 잔존하는 경우의 이물로서 그 양이 적고 일반적으로 인체의 건강을 해할 우려가 없는 정도는 제외한다.

③ 대장균 : 음성이어야 한다.

④ 세균수 : 3,000 / g 이하이어야 한다(슬러쉬에 한한다. 슬러쉬란 청량음료 등 완전 포장된 음료나, 물, 분말쥬스 등의 원료를 직접 혼합하여 얼음을 분쇄한 것과 같은 상태로 만들거나 아이스크림을 만드는 기계 등을 이용하여 반 얼음상태로 얼려 만든 음료를 말하며, 유가공품, 유산균, 발효식품 및 비가열제품이 함유된 경우에는 제외한다).

⑤ 식중독균 : 식품접객업소(집단급식소 포함)에서 조리된 식품은 살모넬라(Salmonella spp.), 황색포도상구균(Staphylococcus aureus), 리스테리아 모노사이토제네스(Listeria monocytogenes), 대장균 O157:H7(Escherichia coli O157:H7), 캠필로박터 제주니(Camplyobacter jejuni), 여시니아 엔테로콜리티카(Yersinia enterocolitica), 장염비브리오균(Vibrio parahaemolyticus) 등 식중독균이 검출되어서는 아니되며, 클로스트리디움 퍼프린젠스(Clostridium perfri ngens)는 100/g 이하, 바실러스 세레우스(Bacillus cereus)는 10,000/g 이하이어야 한다. 다만, 조리과정 중 가열처리를 하지 않거나 가열 후 조리한 식품의 경우 황색포도상구균(Staphylococcus aureus)은 100/g 이하이어야 한다.

⑥ 산가 및 과산화물가(유탕 또는 유처리한 조리식품에 한함)

ⓐ 산가 : 5.0 이하

ⓑ 과산화물가 : 60.0 이하

2) 접객용 음용수

① 대장균 : 음성/250 mL

② 살모넬라 : 음성/250 mL

③ 여시니아 엔테로콜리티카 : 음성/250 mL

3) 조리기구 등

① 수족관물

ⓐ 세균수 : 1 mL 당 100,000 이하

ⓑ 대장균군 : 1,000 이하/100 mL

② 행주(사용 중인 것은 제외한다)

ⓐ 대장균 : 음성이어야 한다.

③ 칼 · 도마 및 숟가락, 젓가락, 식기, 찬기 등 음식을 먹을 때 사용하거나 담는 것(사용 중인 것은 제외한다)

ⓐ 살모넬라 : 음성이어야 한다.

ⓑ 대장균 : 음성이어야 한다.

5. 시험방법

1) 검체의 채취 및 취급

① 채취방법

제 9. 검체의 채취 및 취급방법에 따라 검체를 채취한다.

② 시험용액

제 10. 일반시험법 3. 미생물시험법 3.3 시험용액의 제조에 의한다.

2) 이물

제 10. 일반시험법 9.2 이물에 따라 시험한다.

3) 대장균

① 제 10. 일반시험법 3. 미생물시험법 3.8 대장균에 따라 시험한다.

② 접객용음용수의 대장균 검사의 경우에는 막여과법에 의하여 시료 250 mL를 여과한 후 여과지를 EMB 평판배지 위에 올려놓고 35 ℃에서 하룻밤 배양한다. 전형적인 집락이 확인되면 제 10. 일반시험법 3. 미생물시험법 3.8.1 대장균의 정성시험 1) 한도시험에 의하여 확인동정한다.

4) 세균수

제 10. 일반시험법 3. 미생물시험법 3.5 세균수에 따라 시험한다.

5) 산가

제10. 일반시험법 1.1 일반성분시험법 1.1.5.3 지질의 화학적 시험 1.1.5.3.1 산가에 따라 시험한다.

6) 과산화물가

제10. 일반시험법 1.1 일반성분시험법 1.1.5.3 지질의 화학적 시험 1.1.5.3.5 과산화물가에 따라 시험한다.

7) 대장균군

제 10. 일반시험법 3. 미생물시험법 3.7.2 대장균군의 정량시험 가. 최확수법에 따라 시험한다.

8장.

기초실험

기초실험으로는 첫째 무게분석(gravimetric analysis)법으로 수분, 회분, 조지방, 비중, 내용량, 부피분석(volumetric analysis)법으로는 알칼리 용액 조제 및 표정(factor 구하기), 산-염기 적정, 조단백질 정량, 산가, 과산화물가, 미생물시험법으로 세균, 대장균, 대장균군의 시험법을 간단히 소개한다.

Exp - 1. 수분 정량(무게분석)

1) 무게다는병 항량작업

[건조 → 방냉 → 무게 측정 → 건조 → 방냉 → 무게 측정]

깨끗이 세척된 무게다는병(일명 칭량병)과 뚜껑을 준비하여 수분 정량을 위한 온도(105 ℃)에서 항량이 된 정확한 무게를 구한다.

정확히 무게를 구한다는 것은 화학저울(chemical balance, 0.0000 g 저울) 이상의 정밀도를 가진 저울로써 무게를 구하는 것을 의미한다.

항량(constant weight)이란 반복적으로 구한 무게가 실험오차 이내의 일정한 값을 보일 때를 말한다. 식품공전에서 0.1 % 실험오차 이내일 때를 말한다. 또는 변화량이 0.5 ㎎이하가 되었을 때 항량(constant weight)이 되었다고 본다. 무게다는병은 맨손으로 만지지 말고 집게 등을 이용하여 건조오븐(Dry oven)에 넣는다.

2) 시료채취

[시료 분쇄 → 시료 채취]

시료를 막자사발과 유봉을 이용하여 미세하게 분쇄한 다음에 화학저울에 유산지를 이용하여 시료를 채취하여 무게다는병에 시료를 담는다.

3) 시료건조

[건조 → 방냉 → 무게 측정]

Dry oven(105 ℃)에서 건조 후, 데시케이터(Desicator)에서 실온으로 냉각한 다음에 무게를 정확히 구한다.

4) 항량확인

[건조 → 방냉 → 무게 측정]

Dry oven에서 다시 건조 후, Desicator에서 방냉 후에 무게를 구하여 항량이 되었음을 확인한다.

5) 실험결과 계산

실험에서 얻은 결과를 바탕으로 결과를 계산한다.

계산방법-1

$$\text{수분(\%)} = \frac{W_1 - W_2}{W_1 - W_0} \times 100$$

W_0 : 항량된 칭량병(접시)의 무게(g)

S : 시료 무게(g) = $W_1 - W_0$

W_1 : 칭량병(접시)에 시료를 담은 무게(g)

W_2 : 건조 후 항량된 시료와 칭량병(접시)의 무게(g)

계산방법-2

수분(%) = [수분량 / 시료량] × 100 =

$$수분(\%) = \frac{A-B}{A-C} \times 100$$

A : 건조 전 시료와 칭량병의 무게

B : 건조 후 항량된 시료와 칭량병의 무게

C : 칭량병의 무게

예) 건조 전 (시료+칭량병)무게 : 22.5612 g

건조 후 (시료+칭량병)무게 : 22.1274 g

시료 무게 : 3.0153 g

수분 함량 ?(소수점 둘째자리)

답 수분(%)= 식 = 0.4338 / 3.0153 = 14.386 ≒ 14.39 %)

DISCUSSION TIME

Q&D) 건조에 대해 토론해 봅시다.

건조를 위해 필요한 온도? :

수분의 종류? :

기타? :

H)

- 건조 때 뚜껑은 비스듬히 열고 건조 한다. 수분 증발을 위한 통로확보. 방냉 시에는 뚜껑을 닫아 수분의 재흡수를 방지하며,

※ 참고. 식품공전[食品公典]

1) 상압가열건조법

(1) 시험법 적용범위

이 시험법은 식품의 종류, 성질에 따라서 가열온도를 ㉮ 98~100 ℃ ㉯ 100~10 3℃ ㉰ 105 ℃전후(100~110 ℃) 및 ㉱ 110 ℃이상으로 한다.

즉 ㉮는 동물성 식품과 단백질 함량이 많은 식품 ㉯는 자당과 당분을 많이 함유한 식품 ㉰는 식물성 식품 ㉱는 곡류 등의 신속법으로 쓰인다.

(2) 분석원리

검체를 물의 비점보다 약간 높은 온도 105 ℃에서 상압건조시켜 그 감소되는 양을 수분량으로 하는 방법으로서 가열에 불안정한 성분과 휘발성분을 많이 함유한 식품에 있어서는 정확도가 낮은 결점이 있으나 측정원리가 간단하여 여러 가지 식품에 있어서 많이 이용된다.

(3) 장치

① 칭량접시

상부직경 55 mm, 하부직경 50 mm, 높이 25 mm 또는 상부직경 75 mm, 하부직경 70 mm, 높이 35 mm로서 뚜껑이 있으며 중량은 전자가 약 25 g, 후자가 약 35 g의 알루미늄으로 만들어진 것을 사용한다.

② 유리봉

해사(정제) 20 g을 칭량접시에 옆으로 삽입했을 때 적어도 1.5 cm이상 해사로부터 나와 있어야 하며 뚜껑을 닫을 수 있을 정도의 길이일 것.

③ 자동조절기가 달린 건조기

적어도 ±1 ℃이내의 온도조절이 가능해야 한다.

(4) 시험조작

미리 가열하여 항량으로 한 칭량접시에 검체 3~5 g을 정밀히 달아(건조가 어려운 검체인 경우에는 20 메쉬 정제해사 20 g과 유리봉을 넣어 항량이 되게 하고 이에 검체를 넣어 잘 섞은 후 유리봉은 그대로 넣어 둔다),

뚜껑을 약간 열어 넣고 각 식품마다 규정된 온도의 건조기에 넣어 3~5시간 건조한 후 데시케이터 중에서 약 30분간 식히고 무게를 단다.

다시 칭량접시를 1~2시간 건조하여 항량이 될 때까지 같은 조작을 반복한다. 일반적인 것은 1회에 4시간(유 및 유제품 등은 3시간) 건조하여 수분량을 측정한다.

(5) 계산방법

$$\text{수분(\%)} = \frac{b-c}{b-a} \times 100$$

a : 칭량접시의 무게(g)

b : 칭량접시와 검체의 무게(g)

c : 건조 후 항량이 되었을 때의 무게(g)

2) 감압가열건조법

(1) 장치

① 칭량접시 : 앞의 가항과 같은 것을 사용한다.

② 자동조절기가 붙은 감압건조기 또는 수욕식 감압건조기

(2) 시험조작

100~110 ℃로 건조하여 항량으로 한 칭량병에 검체 2~5 g을 정밀히 달아 넣고 일정온도로 조절하여(일반적으로 98~100 ℃) 감압건조기에 넣어 일정분압으로 감압하여 약 5시간 건조한다. 다음 세기병(황산)을 통하여 습기를 제거한 공기를 건조기 중에 조용히 넣어 기내가 상압으로 되었을 때 칭량병을 꺼내어 데시케이터에서 식힌 다음 무게를 단다. 다시 칭량병을 감압건조기에 넣고 한 시간 건조하여 항량이 될 때까지 같은 조작을 반복한다. 다만, 국수, 식빵 등은 미리 건조하여 가루로 한 다음 실시한다. 연유, 생계란 등은 해사와 유리봉을 넣은 칭량병을 수욕상에서 미리 건조한 다음 실시한다. 유지류는 120~125 ℃에서 건조시간은 1시간으로 하여 전후 2회의 칭량에 있어서 중량의 차가 3 mg이하가 되었을 때 항량이 된 것으로 한다.

3) 증류법

(1) 분석원리

검체를 수분과 혼합되지 않은 유기용매 중에서 가열하면 검체중의 수분 또는 수분과 용매의 혼합증기가 증류된다. 이것을 냉각시켜서 눈금이 있는 냉각관에 모아서 유출된 수분의 양으로 한다.

(2) 장치

① 증류식 수분정량 장치

(3) 시약 및 시액

① 용매 : 키실렌 혹은 톨루엔

4) 칼피셔법

(1) 분석원리

칼피셔(Karl Fisher)법에 의한 수분정량은 피리딘 및 메탄올의 존재하에 물이 요오드 및 아황산가스와 다음의 반응식과 같이 정량적으로 반응하는 것을 이용하여 칼피셔시액으로 검체의 수분을 정량하는 방법이다.

$$H_2O + I_2 + SO_2 + 3C_5H_5N \rightarrow 2(C_5H_5N + H)^+I^- + C_5H_5N \cdot SO_3$$

$$C_5H_5N \cdot SO_3 + CH_3OH \rightarrow (C_5H_5N + H)O{-}SO_2 \cdot OCH_3$$

따라서 전체의 반응은

$H_2O + I_2 + SO_2 + 3C_5H_5N + CH_3OH \rightarrow 2(C_5H_5N + H)^+I^- + (C_5H_5N + H)O{-}SO_2OCH_3$로 된다.

Exp - 2. 조회분 정량(무게분석)

· 도가니의 무게를 재고 전기 회화로에서 항량한다.
전기 회화로 온도는 550 – 600 ℃에서 항량한다.
항량은 수분 정량과 같이 건조, 방냉으로 한다.

· 시료를 채취하여 도가니에 넣고 전기 회화로에서 회백색이 될 때 까지 작열한다. 도가니를 옮길 때에는 집게를 사용하고 전기 회화로에 넣을 때 뚜껑은 덮지 않는다(공기공급 및 가스제거). 이것도 시간이 많이 걸리는 실험이기에 전기 회화로에 넣었다가 빼서 desicator에서 방냉한다. 방냉시 뚜껑은 덮고(습기 등 오염방지) 방냉을 끝난 후 무게를 다시 재고 다시 전기 회화로에서 작열한다.

· 작열과 방냉을 두 번하고 시료가 든 도가니의 무게 잰다.

계산

$$\text{회분(\%)} = \frac{W_2 - W_0}{W_1 - W_0} \times 100 = \frac{W_2 - W_0}{S} \times 100$$

W_0 : 항량된 회화용기의 무게(g)

S : 시료 무게(g) = $W_1 - W_0$

W_1 : 회화 전 회화용기와 시료의 무게(g)

W_2 : 회화 후 회화용기와 회분의 무게(g)

DISCUSSION TIME

Q&D) 회분(ash)에 대해 토론해 봅시다.

회분 성분? :

회분(ash)을 구하기 위한 온도? :

기타? :

※ 참고. 식품공전[食品公典]

1) 회분

(1) 시험법 적용범위

고춧가루 또는 실고추, 전분, 밀가루, 수산물 등 식품에 적용한다.

(2) 분석원리

검체를 도가니에 넣고 직접 550~600 ℃의 온도에서 완전히 회화처리 하였을 때의 회분의 양을 말한다. 즉 식품을 550~600 ℃로 가열하면 유기물은 산화, 분해되어 많은 가스를 발생하고 타르(tar)모양으로 되며 점차로 탄화(炭火)한다.

탄소는 더욱 산화되어 탄산가스(CO_2)로 되어 방출되지만, 인산이 많은 검체에서는 강열하면 양이온과 결합하지 않고 용융상태로 되며, 또한 산소의 공급이 불충분하게 되어 오히려 회화의 진행이 어렵게 된다.

일부의 식품에서는 무기질의 염소이온(Cl^-)등 휘발성 무기물은 휘산되기도 하고, 양이온의 일부는 공존하는 음이온과 반응하여 인산염, 황산염 등으로 되기도 하며, 유기물 기원의 탄산염으로 되기 때문에 조회분(租灰分, crude ash)이라고 한다.

(3) 시험조작

① 도가니의 항량

깨끗한 도가니를 전기로 또는 가스버너에서 600 ℃이상으로 여러 시간 강하게 가열한 후 데시케이터에 옮겨 실온으로 식힌 다음 곧 화학천칭으로 칭량한다. 다시 2시간 강하게 가열하여 건조 칭량하고 이 조작을 항량이 될 때까지 반복한다.

② 검체의 전처리

검체를 도가니에 정밀히 달아 넣고 필요하면 회화에 앞서 다음의 전처리를 한다.

ⓐ 전처리가 필요하지 아니한 검체 : 곡류, 두류, 기타 (2)이하의 항에 포함되지 않는 것

ⓑ 미리 건조하여야 하는 검체 : 수분함량이 많은 동물성식품은 건조기 내에서 될 수 있는 대로 건조시킨다. 액상식품과 액상 음료는 수욕상에서 증발 건조시킨다.

ⓒ 예비 탄화시켜야 할 검체 : 회화할 때 팽창하는 검체로서 당류 및 당함량이 많은 식품, 정제전분, 계란의 흰자위 및 일부의 어육이 속한다. 이들 검체는 버너의 약한 불로 주의하면서 탄화하든가 또는 열판상에서 적외선램프를 조사하면서 300 ℃이하에서 탄화한다.

ⓓ 연소시켜야 할 검체 : 유지류는 가급적 수분을 제거하고 이것을 과열 또는 점화하여 불꽃이 약해질 때까지 연소시키고 적당한 마개를 덮어 불을 끈다.

③ 회화

위와 같이 전처리가 끝나면 용기를 그대로 회화로에 옮겨 550~600 ℃에서 여러시간 가열하여 백색~회백색의 회분이 얻어질 때까지 계속한다.

회화가 끝난 후, 가열을 그치고 그대로 식혀 온도가 약 200 ℃로 되었을 때 데시케이터에 옮겨 식힌 후 칭량한다. 만일, 회화에 있어서 대량의 탄소가 남아 회백색의 회분을 얻을 수 없는 검체일 경우에는 얻은 흑회색의 회분을 식혀 가용분을 침출하여 정량 여과지로 작은 비커에 여과하고, 잔류물은 다시 물로 씻어, 다음 약 15 mL의 물을 가하여 탄 덩어리를 유리봉으로 부수어 수욕상에서 잘 가온하고 씻은 액은 비커에 넣는다. 여과지상의 잔류물은 여과지와 같이 먼저의 도가니에 옮겨 건조 후 550~600 ℃에서 회화시킨다. 비커의 액은 수욕상에서 농축하여 잔류물을 회화한 먼저의 도가니에 옮기고 소량의 물로 비커를 씻고, 씻은 액도 도가니에 넣는다. 다시 도가니를 수욕상에서 증발 건조하고, 500~600 ℃에서 2시간 가열하면 탄소가 함유되지 아니한 회분을 얻는다.

회화한 다음 데시케이터에 옮겨 식히고 실온으로 되면 곧 칭량하여 검체의 회분량(%)을 다음식에 따라 산출한다.

(4) 계산방법

$$회분(\%) = \frac{W_1 - W_0}{S} \times 100$$

W_0 : 항량이 된 도가니에 무게(g)

W_1 : 회화 후의 도가니와 회분의 무게(g)

S : 검체의 채취량(g)

Exp - 3. 탄수화물, 환원당

Bertrand법 실험 원리 : 황산구리 용액에 같은 양의 알칼리성 Rochelle 염($KNaC_4H_4O_6 \cdot 4H_2O$, potassium sodium tartrate) 용액을 가하면 수산화동이 녹아 진한 청색의 액이 된다.

이 액의 일정량을 환원당 시료용액의 일정량에 가하여 끓이면 환원당의 함량에 비례하여 2가의 구리가 환원되어 적색의 1가 Cu_2O(아산화구리)로 침전된다. 이 침전을 $Fe_2(SO_4)_3 \cdot nH_2O$ (3가철)의 산성용액으로 녹이면 산화되어 황산구리가 되고 여기에 비례하여 제2철염은 제1철염(2가철)으로 환원된다.

따라서 이 제1철염을 $KMnO_4$ 표준용액으로 적정하면 환원당에 의해 침전된 구리의 양을 알 수 있다. 이 값으로부터 Bertrand 표에서 동의 양에 상당하는 당의 양을 알 수 있으므로 시료 중의 환원당량을 산출할 수 있다.

반응식은 다음과 같다

$2Cu(OH)_2 + RCHO \rightarrow Cu_2O + 2H_2O + RCOOH$

$Cu_2O + Fe_2(SO_4)_3 + H_2SO_4 \rightarrow CuSO_4 + 2FeSO_4 + H_2O$

$10FeSO_4 + 2KMnO_4 + 8H_2SO_4 \rightarrow 5Fe_2(SO_4)_3 + 2MnSO_4 + K_2SO_4 + 8H_2O$

1) 시약 제조

① $CuSO_4 \cdot 5H_2O$ 용액(A액) : $CuSO_4 \cdot 5H_2O$ (cupric sulfate) 40 g을 증류수에 녹여 전량을 1 L로 한다.

② 알칼리성 Rochelle 염 용액(B액) : $KNaC_4H_4O_6 \cdot 4H_2O$(potassium sodium tartrate) 200 g과 NaOH 150 g을 증류수에 녹여 전량을 1 L로 한다. 이때 NaOH를 먼저 녹이고 다음에 Rochelle 염을 녹이면 잘 녹는다.

③ $Fe_2(SO_4)_3 \cdot nH_2O$ 용액(C액) : $Fe_2(SO_4)_3 \cdot nH_2O$ (ferric sulfate)를 적당량의 증류수에 녹여 H_2SO_4 200 mL를 가하고 냉각시킨 후 증류수를 가하여 1 L로 한다. 이 액은 $KMnSO_4$ 용액을 환원하면 안된다.

④ $KMnSO_4$ 표준용액(D액) : $KMnSO_4$ (potassium perma nganate) 5 g을 증류수에 녹여 1 L로 한다. 2일간 실온에 방치한 후 유리여과기(3G3)로 여과하여 착색병에 보존한다. 이의 역가를 다음과 같이 정확하게 구하여 둔다.

표정 : $(NH_4)_2C_2O_4 \cdot H_2O$(ammonium oxalate) 0.2500 g을 증류수 100 mL에 녹이고 H_2SO_4 2 mL를 가하여 60~70 ℃로 가열한 후에 $KMnSO_4$ 용액으로 적정하고 그 적정량을 a mL라고 하면 이액 1 mL는 Cu 0.2238 g/a에 대응 한다.

2) 시료용액의 제조

① 환원당으로서 0.2~10 g에 대응하는 시료를 200 mL의 삼각플라스크에 취한다. 이때 액상시료는 수욕 상에서 증발 건조시켜 사용하고, 시료가 다량의 지방질을 함유하였을 때는 에터(ether)로 추출하여 탈지한다. 그리고 시료가 산성일 경우는 $CaCO_3$(calcium carbonate) 적당량을 가하여 중화한다.

② 1에 80% 에탄올 100 mL를 가하여 환류냉각기를 연결하여 1시간 동안 수욕상에서 가온한다.

③ 2를 냉각시킨 다음 내용물을 250 mL의 메스플라스크에 옮기고 삼각플라스크를 에탄올로 씻는다. 이에 에탄올을 넣고 전량을 250 mL로 하여 잘 혼합한다.

④ 이 상징액 100 mL를 비커에 취하고 증발시켜 2~3 mL가 되게 한다. 이때 에탄올을 완전히 날려 보낸다.

⑤ 4에 증류수 약 300 mL를 가하여 잘 혼합하고 중성 $Pb(CH_3COO)_2 \cdot 3H_2O$(lead acetate) 포화용액을 침전이 더 이상 생기지 않을 때까지 가하여 혼합한 다음 약 15분간 방치한 후 여과한다.

⑥ 여과지상의 잔류물을 증류수 3 mL씩으로 3회 수세한다.

⑦ 여액에 10 % $Na_2SO_4 \cdot 10H_2O$(sodium sulfate) 용액을 침전이 더 이상 생기지 않을 때 까지 가하여 납을 제거한다.

⑧ 7을 건조여과지로 여과한 후 잔류물을 증류수 5 mL씩으로 3회 수세하고 여액에 증류수를 가하여 100 mL로 한다.

3) 실험 방법

① 시험용액 20 mL(당량은 0.05~0.45%가 아니면 안 된다)를 200 mL의 삼각 플라스크에 넣고 A액 및 B액 각 20 mL씩을 가하여 혼합한다.

② 1을 가열하여 끓기 시작한 후 정확히 3분간 가열한 다음 급냉시킨다.

③ 2에서 청색을 띤 상징액 만을 Witt 여과장치의 유리여과기에 기울여 넣고 조용히 흡인 여과한다.

④ 증류수 약 50 mL를 삼각플라스크의 내벽에 따라 주입하여 혼합하고 아산화동의 침전을 씻어 다시 Witt 여과장치에서 흡인 여과한다.

⑤ 4의 조작을 3~4회 반복하여 침전을 완전히 씻은 다음 알칼리성이 없어질 때까지 더운 증류수로 씻는다. 이때 아산화동이 공기와 접촉하지 않도록 주의한다.

⑥ 다음에 침전이 남아 있는 삼각플라스크를 Witt 여과장치 중의 용기와 바꾸고 C액 약 20 mL를 유리여과기에 3~4회 나누어 부으며 침전을 녹이면서 흡입 여과한다.

⑦ 다음 더운 증류수 약 100 mL로 유리여과기를 여러 번 씻고 세액을 전부 플라스크에 모은다.

⑧ 플라스크를 Witt 여과장치에서 분리하고 잘 흔들어서 녹인다. 이때의 액은 녹색이다.

⑨ 8을 D액으로 연한 홍색이 약 30초간 유지될 때까지 적정한다. 이때 소비된 D액의 소비량(mL)으로부터 동의 양을 산출하고 Bertrand 당류 정량표에 의하여 당량을 구한 다음 다시 시료 중의 당량을 산출한다.

표 2-6. Bertrand 당류 정량표

당류	각 당류에 상당하는 구리중량(mg)				
mg	전화당	포도당	galactose	맥아당	유당
10	20.6	20.4	19.3	11.2	14.4
11	22.6	22.4	21.2	12.3	15.8
12	24.6	24.3	23.0	13.4	17.2
13	26.5	26.3	24.9	14.5	18.6
14	28.5	28.3	26.7	15.6	20.0
15	30.5	30.2	28.6	16.7	21.4
16	32.5	32.2	30.5	17.8	22.8
17	34.5	34.2	32.2	18.9	24.2
18	36.4	36.2	34.2	20.0	25.6
19	38.4	38.1	36.0	21.1	27.0
20	40.4	40.1	37.9	22.2	28.4
21	42.3	42.0	39.7	23.3	29.8
22	44.2	43.9	41.6	24.4	31.1
23	46.1	45.8	43.4	25.5	32.5
24	48.0	47.7	45.2	26.6	33.9
25	49.8	49.6	47.0	27.7	35.2
26	51.7	51.5	48.9	28.9	36.6
27	53.6	53.4	50.7	30.0	38.0
28	55.5	55.3	52.5	31.1	39.4
29	57.4	57.2	54.4	32.2	40.7
30	59.3	59.1	56.2	33.3	42.1
31	61.1	60.9	58.0	34.0	43.4
32	63.0	62.8	59.7	35.5	44.8
33	64.8	64.6	61.5	36.5	46.1
34	66.7	66.5	63.3	37.6	47.4
35	68.5	68.3	65.0	38.7	48.7
36	70.3	70.1	66.8	39.8	50.1
37	72.2	72.0	68.6	30.9	51.4
38	74.0	73.8	70.4	31.9	52.7
39	75.9	75.7	72.1	33.0	54.1
40	77.7	77.5	73.9	44.1	55.4

41	79.5	79.3	75.6	45.2	56.7
42	81.2	81.2	77.4	46.3	58.0
43	83.0	83.0	79.1	47.4	59.3
44	84.8	84.8	80.8	48.5	60.6
45	86.5	86.4	82.5	49.5	61.9
46	88.3	88.2	84.3	50.6	63.3
47	90.1	90.0	86.0	51.7	64.6
48	91.9	91.8	87.7	52.8	65.9
49	93.6	93.6	89.5	53.9	67.2
50	95.4	95.4	91.2	55.0	68.5
51	97.1	97.1	92.9	56.1	69.8
52	98.8	98.8	94.6	57.1	71.1
53	100.6	100.6	96.3	58.2	72.4
54	102.2	102.3	98.0	59.3	73.7
55	104.0	104.1	99.7	60.3	74.9
56	105.7	105.8	101.5	61.4	76.2
57	107.4	107.6	103.2	62.5	77.5
58	109.2	109.3	104.9	63.5	78.8
59	110.9	111.1	106.6	64.6	80.1
60	112.6	112.8	108.3	65.7	81.4
61	114.3	114.5	110.0	66.8	82.7
62	115.9	116.2	111.6	67.9	83.9
63	117.6	117.9	113.3	68.9	85.2
64	119.2	119.6	115.0	70.0	86.5
65	120.9	121.3	120.9	71.1	87.7
66	122.6	123.0	118.3	72.2	89.9
67	124.2	124.7	120.0	73.3	90.3
68	125.9	126.4	121.7	74.3	91.6
69	127.5	128.1	123.3	75.4	92.8
70	129.2	129.8	125.0	76.5	94.1
71	130.8	131.4	126.6	77.6	95.4
72	132.4	133.1	128.3	78.6	96.7
73	134.0	134.7	130.0	79.7	98.0
74	135.6	136.3	131.5	80.8	99.1
75	137.2	137.9	133.1	81.8	100.4
76	138.9	139.6	134.8	82.9	101.7
77	140.5	141.2	136.4	84.0	102.9
78	142.1	142.8	138.0	85.1	104.2
79	143.7	144.5	139.7	86.2	105.4
80	145.3	146.1	141.3	87.2	106.7

81	146.9	147.7	142.9	88.3	107.9
82	148.5	149.3	144.6	89.4	109.2
83	150.0	150.9	146.2	90.4	110.4
84	151.6	152.5	147.8	91.5	111.4
85	153.2	154.0	149.4	92.6	112.9
86	154.8	155.6	151.1	93.7	114.1
87	156.4	157.2	152.7	94.8	115.4
88	157.9	158.8	154.3	95.8	116.6
89	159.5	160.4	156.0	96.9	117.9
90	161.1	162.0	157.6	98.0	119.1
91	162.6	163.6	159.2	99.0	120.3
92	164.2	165.2	160.8	100.1	121.6
93	165.7	166.7	162.4	101.1	122.8
94	167.3	168.3	164.0	102.2	124.2
95	168.8	169.9	165.6	103.2	125.0
96	170.3	171.5	167.2	104.2	126.5
97	171.9	173.1	198.8	105.3	127.7
98	173.0	174.6	170.4	106.3	128.9
99	175.0	176.2	172.0	107.4	130.2
100	176.0	177.3	173.6	108.4	131.4

※ 참고. 식품공전[食品公典] 환원당

포도당 등 환원당이 주요 당으로 존재하는 식품에 적용한다.

1) 벨트란법

(1) 분석원리

당에 의하여 환원 침전된 구리의 양을 계산으로 산출하고, 벨트란표로부터 구리의 양에 상당하는 당량을 구하여 검체 중에 함유된 환원당량을 산출한다.

(2) 시험용액의 조제

환원당으로서 0.2~1.0 g에 대응하는 검체(액상 검체는 수욕상에서 증발 건조하여 사용하고 검체가 다량의 지방질을 함유하였을 때는 에테르로 침출하여 탈지한다. 그리고 검체가 산성일 경우에는 탄산칼륨 적당량을 가하여 이에 중화한다)를 200 mL의 삼각플라스크에 취하고 80 %(v/v) 에탄올 100 mL를 가하여 환류냉각관를 달고 1시간 수욕상에서 가온한다. 식힌 다음 이 내용물을 250 mL의 메스플라스크에 옮기고 삼각플라스크는 에탄올로 씻는다. 이에 에탄올을 넣고 전량을 250 mL로 하여 잘 흔든다. 이 상등액 100 mL를 비커에 취하고 증발하여 2~3 mL가 되게 하고 (에탄올을 완전히 날려 보낸다) 물 약 30 mL를 가하여 잘 흔들고 중성초산납용액을 침전이 그 이상 생기지 않을 때에는 가하고 섞은 다음 약 15분간 방치하고 여과한다. 여과지상의 잔류물을 물 5 mL씩으로 3회 씻는다. 여액에 10 % 황산나트륨용액을 침전이 그 이상 생기지 않을 때까지 가하여 납을 제거한 다음 건조여과지로 여과하고 잔류물은 물 5 mL씩으로 3회 씻고 여액에 물을 넣어 100 mL로 한다.

(3) 시험조작

시험용액 20 mL(당량은 0.05~0.45 %가 아니면 아니된다)를 200 mL의 삼각플라스크에 넣고 벨트란(Bertrand) A 및 B용액 각 20 mL를 가하여 흔들어 섞은 다음 금망상에서 정확하게 3분간 조용히 끓인다. 식힌 후 아린관에 상등액을 기울여 넣고 조용히 흡인 여과한 다음 물 약 50 mL를 삼각플라스크에 내벽에 따라 조용히 주입하여 흔들어 아산화동의 침전을 씻어 다시 아린관에 흡인 여과한다. 이 조작을 3~4회 반복하여 침전을 완전히 씻은 다음 알칼리성이 없어질 때까지 더운 물로 씻는다. 이때 아산화동이 공기와 접촉하지 않도록 주의한다. 다음 받는 그릇을 교환한 후 벨트란(Bertrand) C용액 약 20 mL를 삼각플라스크에 넣어 아산화동을 녹이고 이를 앞의 아린관에 3~4회로 나누어 조용히 흡인하면서 침전을 완전히 녹인다. 다음 더운 물 약 100 mL로 아린관을 여러 번 씻은 후 이를 벨트란시약 D액으로 연한 홍색이 될 때까지 적정한다. 이에 소비된 벨트란(Bertrand) D용액의 소비량(mL)으로부터 구리의 양을 산출하고 부표중의 벨트란

당류정량표에 의하여 당량을 구하여 다시 검체 중의 당량을 산출한다.

2) 소모기(Somogyi)법

(1) 시험법 적용범위

이 법은 주로 미량의 당을 정량할 때에 사용한다.

(2) 분석원리

구리염 환원법과 요오드 적정법을 병용하여 환원당의 함량을 구한다.

(3) 시액 및 시약

① 동시약 : 제이인산나트륨($Na_2HPO_4 \cdot 12H_2O$) 71 g, 주석산칼륨나트륨 40 g을 물 약 400 mL에 녹인 다음 1 N 수산화나트륨액 100 mL를 가하여 저어 흔들어 섞으면서 액면까지 달하는 깔때기를 사용하여 황산제이동용액($CuSO_4 \cdot 5H_2O$ 10g→100 mL) 80 mL를 가한다. 다음 황산나트륨(Na2$SO_4 \cdot 10H_2O$) 410 g을 가하여 녹이고 1 N 요오드산칼륨용액(KIO_3 3.567 g→100 mL) 25 mL를 가하여 물로써 1,000 mL로 한다. 이것을 1~2일간 방치한 다음 여과하여 갈색병에 저장한다. 이 시약은 포도당 0.01~3 mg/5 mL를 정량할 수 있지만, 1 mg/5 mL가 적당하다. 포도당의 양이 1 mg/5 mL이하의 경우에는 요오드산칼륨용액을 10 mL, 0.5 mg/5 mL 이하의 경우에는 5 mL로 감하는 것이 좋다.

② 2.5 % 요오드화칼륨용액 : 미량의 탄산나트륨용액으로 알칼리성으로 한다.

③ 0.005 N 티오황산나트륨액 : 티오황산나트륨($Na_2S_2O_3 \cdot 5H_2O$) 약 25~26 g에 10 % 수산화나트륨용액 2 mL 및 물을 가하여 녹여 전량을 1,000 mL로 하여 0.1N의 원액을 만들고 쓸 때에는 원액을 20배로 희석하여 조제한다.

④ 표정 : 1 N 요오드산칼륨액을 정확히 200배로 희석하여, 0.005 N 요오드산칼륨액을 만들고 그 10.0 mL를 취하여 2.5% 요오드화칼륨용액 1 mL 및 2 N 황산 2 mL를 가하여 5분간 방치한 다음 0.005 N 티오황산나트륨액으로 적정한다.

(4) 시험용액의 조제

전항의 가. 벨트란법 2) 시험용액의 조제에 준한다.

(5) 시험조작

시험용액 및 대조액으로서의 물 각 5 mL를 시험관(25 × 200 mm)에 취하고 각각 동시 약 5 mL를 가한다. 시험관은 유리마개로써 마개를 한다(또는 마개달린시험관을 사용하여 느슨하게 마개를 하여도 좋다). 이어 세게 끓는 탕욕 중에 잠기게 한다(각 환원당의 가열시간은 표 2-6에 따라 한다). 다음 찬물로서 식힌 후 요오드화칼륨용액 2 mL를 천천히 넣고 이어 2 N 황산 1.5 mL를 빨리 넣고 흔들어 섞어 침전을 완전히 녹인다. 이어 석출한 요오드를 5분 후 0.005 N 티오황산나트륨액으로써 0.5 % 전분시액 1 mL를 지시약으로 하여 적정한다. 뷰렛은 0.05 mL의 눈금이 있는 것을 사용한다. 환원당의 양은 다음 식에 따라서 계산한다. 시험용액 5 mL중의 환원당의 양(mg) = [(대조액의 적정 mL수) – (시험용액의 적정 mL수)] × 환원당의 계수(표 2-6 참조)

Exp - 4. 조지방 정량(무게분석법)

1. 시료를 채취하여 마조니아관에 넣는다. 예로서 시료는 분유로 한다.

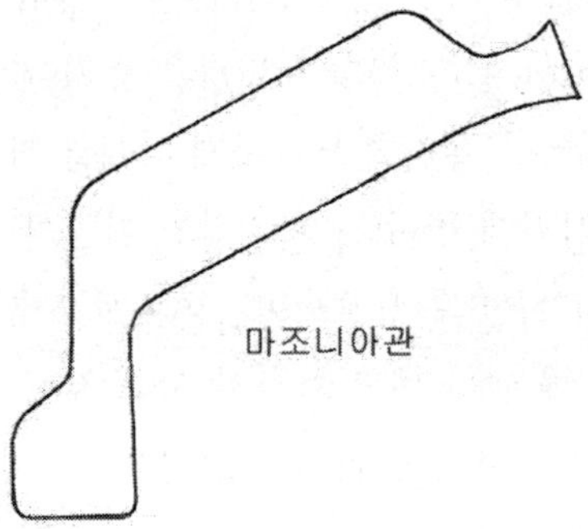

2. 증류수 10 mL 넣고, 진한 암모니아 1.5 ~ 2 mL 넣는다. 2분간 방치한다.
3. 에탄올 10 mL 넣고, 에터(ether) 25 mL를 넣고 잘 혼합한다.
4. 뚜껑을 돌려 탈기 시키고 다시 막아서 30초간 강렬히 흔든다.
5. 뚜껑을 열고 석유 ether 25 mL를 넣고 30초간 또 강렬하게 흔든다.
6. 탈기시키고 40 ~ 45분간 방치 한다. 반복 작업
7. 마조니아관을 기우리면 물층과 ether층으로 나누어지는데, ether층만 여과하여 항량이 된 수기에 담는다.
8. 수기에 든 ether를 제거, 항량 작업 후, 무게를 잰다.

계산

$$\text{조지방(\%)} = \frac{W_1 - W_0}{S} \times 100$$

W_1 : 항량된 수기와 ether 추출분

W_0 : 항량된 수기

S : 시료의 무게

DISCUSSION TIME

Q&D) 조지방에 대해 토론해 봅시다.

조지방이란? :

조지방 성분? :

Q) 다음의 실험결과로부터 조지방 함량을 구하세요

항량 된 수기와 ether : 107.8902g , 항량 된 수기 : 106.9337 g, 시료의 무게 : 4.3696 g

기타? :

※ 참고. 식품공전[食品公典]

1) 조지방, 에터(ether) 추출법

(1) 시험법 적용범위

이 법은 식용유등 주로 중성지질로 구성된 식품에 적용한다. 다만, 가열 · 조리등의 가공과정을 거치지 않은 식품에 적용된다.

(2) 분석원리

속슬렛추출장치로 에테르를 순환시켜 검체 중의 지방을 추출하여 정량한다.

(3) 시험조작

미세한 분말로 한(필요한 경우) 검체 2~10 g을 달아 원통여과지에 넣고 검체 위에 탈지면을 가볍게 충전하여 이를 적당한 용기에 담아 100~105 ℃의 건조기에서 2~3시간 건조한 후, 데시케이터에서 식히고 속슬렛추출장치의 추출관에 넣는다. 받는 그릇에 무수에테르 약 1/2용량을 넣어 장치하고 8시간 추출한다.

추출이 끝난 후, 냉각기를 떼고 추출관 속의 원통여과지를 핀셋으로 꺼내고 다시 냉각기를 모두 추출관에 연결하여 수욕상에서 가온하여 받는 그릇중의 에테르가 전부 추출관에 옮겨지면 받는 그릇을 떼어 수욕중에서 에테르를 완전히 증발시킨다.

받는 그릇의 바깥을 거즈로 깨끗이 닦은 후, 98~100 ℃의 건조기에 넣어 약 1시간 항량이 될 때까지 건조한 다음 데시케이터에서 식히고 칭량한다.

조지방의 양은 다음 식에 따라 산출한다.

$$\text{조지방(\%)} = \frac{W_1 - W_0}{S} \times 100$$

W_0 : 받는 그릇의 무게(g)
W_1 : 조지방을 추출하여 건조시킨 받는 그릇의 무게(g)
S : 검체의 채취량(g)

2) 조지방, 특수법

(1) 시험법 적용범위

이 법은 점질상으로서 분말로 하기 어렵고 또한 당분이 많이 함유한 밀크카라멜 등의 식품에 적용한다.

(2) 분석원리

페링황산동 용액을 NaOH 용액에서 중화하여 생성하는 $Cu(OH)_2$에 의해서 단백질, 지질이 같이 침전되고 이 침전 중의 지질을 에테르로 추출하여 정량하는 방법이다.

3) 조지방, 액상검체의 추출법

(1) 시험법 적용범위

이 법은 쥬스, 간장등 검체를 증발건조하기 어려운 식품에 적용한다.

(2) 시험조작

액체추출기의 추출관에 검체 30~50 g을 정밀히 달아 넣고 아랫쪽에 구멍이 있는 중관을 넣어 그 윗쪽에 냉각관에서 에테르가 떨어질 수 있게 냉각관을 접속하고 이하 가. 일반법에 따라 시험한다.

3) 조지방, 산 분해법

이 법은 물에 녹지 않고 산분해에 의해서 액상으로 되는 식육, 어육 및 수산식품, 소맥분 빵류, 마카로니등 곡류가공품과 기타 다른 방법에 적용되지 않는 식품에 적용한다.

(1) 난류 및 마요네즈

전란은 약 3 g, 노른자위는 약 2 g, 흰자위는 약 5 g, 마요네즈는 약 1 g을 작은 비커에 정밀히 달아 넣고 염산 10 mL를 소량씩 가하여 섞어 70 ℃의 수욕중에서 약 30분간 가온한 다음 5분마다 흔들면서 30분간 끓인다.

이에 물을 가하여 약 20 mL로 하고 식힌 다음 내용물을 뢰리히관에 옮기고 비커는 에테르 25 mL로 씻어 뢰리히관에 넣고 흔든 다음 석유에테르 25 mL를 가하여 이하 뢰제 · 곳트 리브법에 따라 시험한다.

(2) 어육 및 수산식품

검체 약 8 g을 작은 비커에 정밀히 달아 넣고 염산 2 mL를 가하여 유리봉으로 덩어리를 부수고 염산 6 mL를 가하여 섞은 다음 수욕 중에서 때때로 흔들면서 90분간 가열한다.

식힌 후 내용물을 뢰리히관에 옮기고 에탄올 7 mL로 비커 및 유리봉을 씻은 다음 에테르 25 mL로 씻는다. 이하 앞의 가.에 따라 시험한다.

(3) 소맥분 빵류 및 마카로니

검체 약 2 g을 작은 비커에 정밀히 달아 넣고 에탄올 약 2 mL를 가하여 잘 섞는다. 다음 염산(25→36) 10 mL를 가하여 잘 섞고 70~80℃의 수욕상에서 때때로 흔들면서 20~40분간 가온한다.

다음 에탄올 10 mL를 가하고 식힌 후 내용물은 뢰리히관에 옮기고 이하 앞의 가.에 따라 시험한다.

4) 조지방, 액체추출기, 뢰제 · 곳트리브법

(1) 시험법 적용범위

이 방법은 유제품, 비교적 지방질의 함량이 많은 액상 및 우유와 같은 식품 또는 물을 가하여 액상 및 우유와 같은 모양으로 할 수 있는 식품에 적용한다.

(2) 시험조작

검체 1~10 g을 정밀히 달아 뢰리히관, 마조니어관 또는 그의 지방추출관에 넣어 물을 가하여 약 11 mL로 하고 40℃~50 ℃로 가온한 후 흔들어 완전히 혼화한 후 암모니아수 1.5 mL(액이 산성인 경우 2.0 mL)를 가하여 혼화한 후 알코올 10 mL를 가하여 잘 섞는다.

다음 에테르 25 mL를 가하여 가볍게 섞고 마개를 열어 에테르증기를 날려 보낸 후 다시 마개를 닫고 약 1분간 세게 흔든다. 필요하면 냉각후 석유에테르 25 mL를 가하고 다시 1분간 격렬히 진탕한다. 이를 600 rpm에서 원심분리하거나 방치하여 상층액이 완전히 투명하게 되면 상층액을 미리 항량으로 한 삼각플라스크에 옮기고 관내의 남은 액에 에테르 및 석유에테르 각 15 mL씩으로 가하여 위와 같은 조작을 한다. 다시 석유에테르 및 에테르 15 mL씩으로 3회 추출한다. 다음 관의 마개 유출구 및 깔때기를 에테르 석유에테르의 같은 양의 혼액으로 깨끗이 씻고 여액 및 씻은 액을 삼각플라스크에 합쳐 수욕상에서 용매를 날려 보낸 후 100±2 ℃의 건조기에 넣고 항량이 될 때까지 건조하고 조지방의 항량을 산출한다.

Exp - 5. 비중(무게분석법)

비중이란 물질의 질량과 그것과 같은 체적의 표준물질과의 질량의 비를 말한다. 즉 밀도의 비값으로 단위가 없다.

표준물질은 증류수를 이용하며, 비중을 구하는 온도는 25 ℃ 이다. 시료로는 액체지방 및 고체지방도 측정할 수 있으나, 여기서는 액체지방에 대해서 알아본다. 비중실험 방법은 다음과 같다.

비중병(용량 10~100 mL의 병으로서 온도계를 붙이는 갈아 맞춘 마개와 눈금 및 갈아 맞춘 뚜껑을 가진 측관이 있는 것)을 미리 깨끗하게 씻고 건조하여 그 무게(W)를 단 다음 마개와 뚜껑을 빼고 검체를 가득 넣은 후 따로 규정이 없는 한 규정온도(25 ℃)보다 1~3 ℃ 낮게 하고 거품이 남지 아니하도록 주의하여 마개를 막는다.

다음 천천히 온도를 올려 온도계가 표준온도를 나타낼 때 눈금보다 상부의 검체를 측관으로부터 제거하고 측관에 뚜껑을 하여 외부를 잘 닦은 다음 무게(W_1)를 단다. 다시 같은 비중병으로 증류수를 사용하여 위와 같이 조작하고 그 무게(W_2)를 달아 다음 식에 따라 비중(s.g, specific gravity)을 구한다.

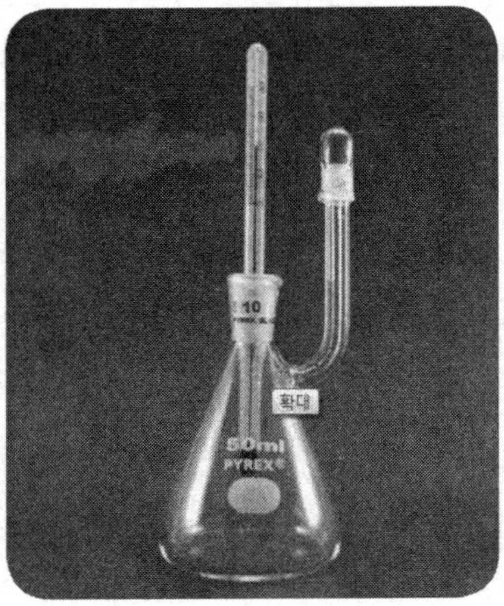

그림 2-4. 비중병

$$비중(s.g) = \frac{W_1 - W_0}{W_2 - W_0}$$

W_0 : 일정한 온도에서 항량된 비중병 무게(g)

W_1 : 일정한 온도에서 시료를 담은 비중병 무게(g)

W_2 : 일정한 온도에서 증류수를 담은 비중병 무게(g)

Exp - 6. 알칼리 용액 조제

부피분석(volumetric analysis)이다.

1. 농도에 따라 아래와 같이 필요로 하는 NaOH량을 구한다.

표 2-7. 농도별 NaOH 필요량

N	1000 mL의 NaOH량	500 mL의 NaOH량	250 mL의 NaOH량
1	40 g	20 g	10 g
0.5	20 g	10 g	5 g
0.1	4 g	2 g	1 g

NaOH의 분자량은 40, 1 mol = 40 g = 1 eq 이다.

실험에서 0.1N- 250 mL를 만들고자하면, NaOH는 흡습, 조해성으로 무게가 증가되므로 정확한 무게를 취할 수 없으므로 약 1 g이 되게 취한다. 그리고서 정확한 농도를 적정으로 구하면 된다.

2. 비커에 NaOH를 넣고 증류수를 소량 가해서 녹인 다음 조금씩 증류수를 가해서 완전히 녹인다. 이때에 발열반응으로 증기가 나올 수 있으므로 흡입하지 않도록한다.
3. 250 mL 용량플라스크에 깔대기로써 NaOH 용액을 담는다.
4. 비커를 세척하여 용량플라스크에 담는다.
5. 깔대기도 세척하여 용량플라스크에 담은 다음, 증류수로 표선까지 채운다음에 플라스크를 흔들어서 균일한 용액을 만든다.
6. 0.1N-HCl 25 mL를 피펫으로 취해서 삼각플라스크에 넣는다. 필러와 피펫으로 사용한다.
7. 지시약인 페놀프탈레인을 HCl에 2~3방울 넣는다.

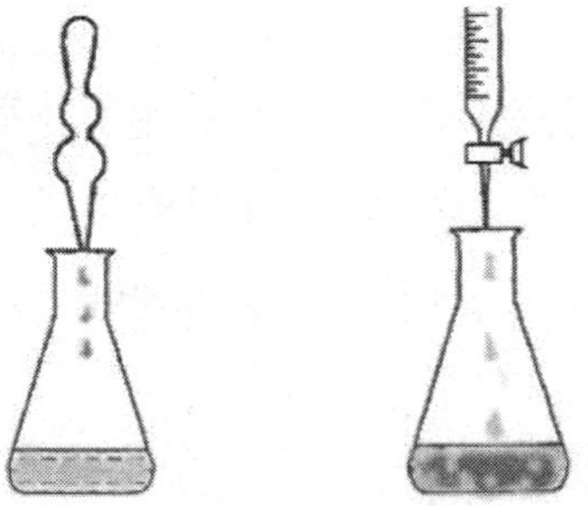

8. 표정을 위해 제조된 NaOH 용액을 뷰렛에 채운다.
9. 적정한다. 종말점은 무색에서 분홍색으로 변하는 지점이다.
10. 실험에서 구한 NaOH의 소비 mL를 이용하여 계산한다.

표 2-8. 실험결과 계산 예

		계 산
NaOH의 중량	1.0123 g	$N \times V \times F = N' \times V' \times F'$
HCl표준용액의 역가(factor)	알려진 값	
적정할 HCl의 mL	25.00 mL	0.1 N × V(실험값) × F
소비된 NaOH의 mL	실험에서 구함	= 0.1 N × 25.00 mL × 1.001

$N \times V \times F = N' \times V' \times F'$

V : HCl의 mL수

F : HCl의 역가

N : HCl의 농도

V′ : NaOH의 소비되는 mL수

F′ : NaOH의 역가

N′ : NaOH의 농도

여기서 알아야 할 것은 HCl의 F(역가)를 알아야 한다.

채취할 0.1 N-염산의 병을 보면 F가 나와 있다.

여기서 구해야 할 것은 0.1 N-NaOH 용액의 역가를 구하는 것이다.

DISCUSSION TIME

Q&D) 알칼리용액 제조에 대해 토론해 봅시다.

Q) 0.1 N – HCl, F = 1.001, 25.00 mL를 취해 삼각플라스크에 담고서 PP 지시약을 넣고서 0.1 N – NaOH로 적정 하였더니 27.00 mL가 소비 되었다. 0.1 N – NaOH의 F는?

소수점 넷째자리 까지 답하세요 (   )

Factor란? :

기타? :

H)

- N × V × F = N′ × V′ × F′
- Factor = 실제농도/이론농도 = 0.1011 N / 0.1000 N = 1.011

Exp - 7. 조단백질 정량(부피분석, 산-염기적정)

1. 증류장치를 설치한다.
2. 입자가 큰 시료는 막자사발을 이용하여 분쇄한다.
3. 시료 일정량을 정확히 무게를 구한다음, 약포지에 싼 상태로 분해플라스크에 넣는다.
4. 분해촉진제[$CuSO_4$, K_2SO_4(1:4)] 일정량을 약포지에 싼 상태로 분해플라스크에 넣은 다음 황산 일정량을 넣는다.
5. 시료를 분해하여 시료용액 일정액을 만든다.
6. 증류되어 나오는 암모니아를 흡수하기 위한 산표준용액을 삼각플라스크에 담고서, 부런스위크(Brunswik) 지시약[메틸레드 0.2 g 및 메틸렌블루 0.1 g을 에탄올 300 mL에 녹여서 여과하여 사용하고 갈색병에 보존]을 몇 방울 가한다.
7. 수증기 발생장치에서 수증기를 발생시킨다.
8. 시료용액을 넣고 나서, 30 % 수산화나트륨을 넣은 다음 수증기를 공급하여 증류한다.
9. 증류를 마치고서 여분으로 남아 있는 황산량을 산-염기 적정으로 구한다. 적정시 종말점의 색 녹색 또는 담초록이다.
10. 계산

공통적인 계산식

$$\text{조단백질(\%)} = \frac{(A-B) \times F \times D \times 6.25 \times 0.0014}{S} \times 100$$

A : 공시험에 소비된 0.1N-NaOH mL수
B : 본시험에 소비된 0.1N-NaOH mL수
F : 적정 시약 역가
6.25 : 질소계수
0.0014 : 0.1 N-황산 1 mL에 들어 있는 질소량(g)
S : 시료량(g)
D : 희석배수

DISCUSSION TIME

Q) 조단백질 함량을 구하세요.

공시험 적정 : 20.00 mL, 본시험 적정 : 17.50 mL, 0.1N-NaOH 역가(F) : 1.001, 시료량 : 2.0054g, 질소계수 : 6.25, 시료용액 100 mL 중에서 25.00 mL

계산식 ? :

계산값 ?:

분해촉진제를 넣는 이유?

수증기발생 플라스크에 황산 몇 방울을 넣는 이유? :

시료를 킬달분해장치에서 분해 할 때에 색깔 변화? : 흙갈색 → 다갈색 → 녹갈색 → 청색

역적정 ? :

역세척 ? :

기타? :

H)

- 암모니아 가스는 물에 쉽게 녹을 수 있으며, 암모니아수가 된다. 녹아져 있는 암모니아를 암모늄이온 상태에서는 증류되어 나오는 것을 방지할 수 있으므로 실험오차의 요인을 제거할 수 있다.
- 시료 분해 시의 색깔 변화? : 흙갈색 → 다갈색 → 녹갈색 → 청색

※ 참고. 식품공전[食品公典]

1) 질소화합물, 총질소 및 조단백질, 세미마이크로 킬달법

장류, 젓갈류, 수산물, 특수용도식품 등에 적용한다.

(1) 분석원리

질소를 함유한 유기물을 촉매의 존재하에서 황산으로 가열분해하면, 질소는 암모니아로 변한다(분해). 계속하여 NaOH를 가하여 알카리성으로 하고, 유리된 NH_3를 수증기 증류하여 희황산으로 포집한다(증류). 이 포집액을 NaOH로 적정하여 질소의 양을 구하고(적정), 이에 질소 계수를 곱하여 조단백의 양을 산출한다.

(2) 장치

그림과 같은 장치를 쓴다. 전체가 경질유리를 사용하여야 하며, 접속부위는 갈아 맞춘 것으로 하여도 좋다. 장치에 쓰는 고무는 수산화나트륨시액속에서 10~30분간 끓이고, 다음에 물에서 30~60분간 끓인 다음 물로 충분히 씻어서 쓴다(다만, 동시험법의 원리를 이용한 기타의 장치 또는 자동 · 반자동기기를 사용할 수 있다).

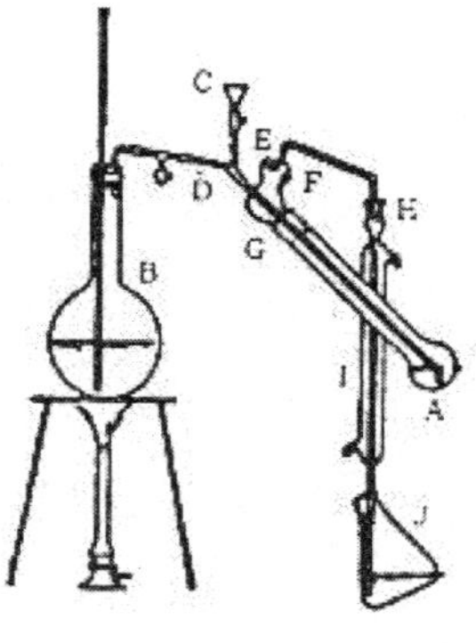

그림 2-5. 세미마이크로킬달 장치

A : 킬달플라스크

B : 수증기 발생기로서 황산 2~3방울을 넣은 물을넣고 갑자기 끓는 것을 피하기 위하여 비등석을 넣는다.

C : 알칼리용액을 넣는 깔때기

D : 수증기 유도관

E : 내용물이 튀어 올라오는 것을 막는다.

F : 작은 구멍(관의 안지름과 거의 같다.)

G, H : 갈아 맞춘 접속부위

I : 냉각기(바깥지름 200 mm, 안지름 350 mm, 아래 끝은 약 5 mm)

J : 흡수플라스크

역류병을 가지고 있는 증류장치는 아래와 같다.

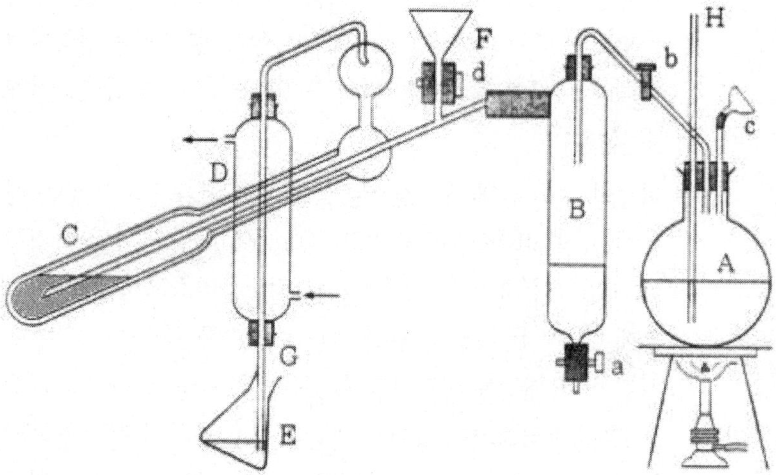

그림 2-6. 역류병을 가지고 있는 증류장치

A : 수증기 발생장치 | B : 역류병

C : 증류플라스크 | D : 냉각관

E : 수기 | F : 깔대기

G : 냉각관 선단 | a, b, c, d : 콕(cock)

(3) 시약 및 시액

① 분해 촉진제 : $CuSO_4$, K_2SO_4(1 : 4)

② 부런스위크(Brunswik)시액 메틸레드 0.2 g 및 메틸렌블루 0.1 g을

에탄올 300 mL에 녹여서 여과하여 사용하고 갈색병에 보존한다.

(4) 시험조작

① 검체의 분해

ⓐ 통상적으로 질소(N) 함량이 2~3 mg에 해당하는 양의 검체를 정밀히 취하여 킬달플라스크에 넣고 여기에 분해촉진제 약 0.5 g을 넣은 후 플라스크 내벽을 따라 황산 3~5 mL를 넣은 다음 플라스크를 흔들어 주면서 30 % 과산화수소 1 mL를 조금씩 조심하여 넣는다.

플라스크를 금망상에서 천천히 가열하고 검체의 탄화물이 보이지 않을 때까지 온도를 높여 끓이고 분해액이 투명한 담청색이 되면 다시 1~2시간 가열을 계속한다. 분해액을 냉각시킨 후 물 20 mL를 주의하여 가한 후 이 플라스크를 증류장치에 연결한다.

ⓑ 비교적 많은 검체(예 : 건조된 식품류)를 취할 필요가 있는 경우에는 질소(N)함량이 약 20~30 mg에 해당하는 양의 검체를 정밀히 취하여 250~300 mL 킬달플라스크에 넣고 이에 분해촉진제 1~2 g 및 황산 20~30 mL를 가하여 가열분해시킨다. 분해액을 냉각시킨 후 물 약 100 mL를 가하고 200 mL 메스플라스크에 옮겨서 냉각후 물을 가하여 전량을 200 mL로 채워 그 20 mL를 세미마이크로 킬달플라스크에 취하여 증류장치에 연결한다.

ⓒ 질소(N)함량이 적어서 다량의 검체(예 : 사탕류, 엿류 등)를 취할 필요가 있는 경우에는 질소(N)함량 2~3 mg에 해당되는 검체를 정밀히 취하여 상기 (2)의 조작과 같이 가열 분해하고 냉각후 물 20 mL를 주의하여 가하고 킬달플라스크를 증류장치에 연결한다.

② 증류 및 적정

증류장치의 흡수플라스크에 0.05 N 황산 10.0 mL를 취하여 이에 부런스위크시액 2~3방울을 떨어뜨려서 냉각기의 끝부분을 액면 밑에 담그고 작은 깔때기로부터 30 % 수산화나트륨용액 25 mL를 가한다.

다음에 수증기 발생기로부터 수증기증류를 하여 증류액 약 100 mL를 받은 후 냉각기의 끝을 액면에서 조금 떼어 다시 유액 수 mL를 유취하여 다시 냉각기의 끝을 소량의 물로 플라스크내에 씻어 넣는다. 플라스크내에 들어 있는 유액을 0.05 N 수산화나트륨액으로 부런스위크시액이 녹색으로 변할 때까지 적정한다. 따로 같은 방법으로 공시험을 한다.

(5) 계산방법

0.05 N 황산 1 mL = 0.7003 mgN

$$질소(\%) = \frac{0.7003 \times (a - b)}{검체의\ 채취량(mg)} \times 100$$

a : 공시험에서 중화에 소요된 0.05 N 수산화나트륨액의 mL수

b : 본시험에서 중화에 소요된 0.05 N 수산화나트륨액의 mL수

계산식은 검체의 분해액을 전부 사용해서 적정했을 때의 식이므로 분해액의 일부를 사용할 때는 그 계수를 곱한다.

여기서 얻은 질소량에 다음 표에 의한 질소계수를 곱하여 조단백질의 양으로 한다.

조단백질(%) = N(%) × 질소계수

표 2-9. 조단백질을 산출하는 질소 계수

식품명	질소계수
소맥분(중등질 · 경질 · 연질 · 수득률(100~94%)	5.83
소맥분(중등질 · 수득률(93~83%)또는 그 이하)	5.70
쌀	5.95
보리 · 호밀 · 귀리	5.83
메밀	6.31
국수 · 마카로니 · 스파게티	5.70
낙화생	5.46
콩 및 콩제품	5.71
밤 · 호도 · 깨	5.30
호박 · 수박 및 해바라기의 씨	5.40
유 · 유제품 · 마아가린	6.38
위 이외의 모든 식품	6.25

Exp - 8. 식염 정량(Mohr법, 침전적정)

식염은 NaCl로서 증류수에 녹았을 때에 이온화하여 Na^+ 과 Cl^-으로 존재한다. 이때에 식염양을 구하기 위한 방법으로는 Na^+ 과 Cl^- 모두 식염으로부터 유래되었다면, Na^+ 양을 구하던가 Cl^- 양을 구하면 된다.

Na^+ 양을 구하는 방법으로는 일반적으로 원자흡수분광기(AAS, Atomic Absorption Specrotmetry)를 이용한다. 그러나 이 방법은 고가의 기기를 사용하여야하나, Cl^- 양은 다른 할로겐족의 방해가 없으면, 간단히 실험이 가능하다. 즉 난용성 침전이 생성되는 침전반응을 이용한 부피분석법인 침전적정법이 있다. 일반적으로 $AgNO_3$ 표준용액을 써서 할로겐원소 등을 할로겐화은의 침전을 형성시켜 할로겐을 정량분석하는 방법을 銀適定法(argentimetry 또는 argentometry)이라 한다. 그외에 $Hg(NO_3)_2$ 표준용액을 이용한 수은법적정, 페로시안화칼륨 표준용액에 의한 아연이온의 정량법 등이 있으나, 가장 널리 쓰이는 은적정법이다.

은적정법에는 크게 Mohr, Volhard, Fajans법의 세가지 방법이 존재한다.

중성용액에서 크롬산염을 지시약으로 이용하여 노랑에서 적갈색 변색될 때를 종말점으로 적정하는 Mohr법, 질산 산성용액에서 제2철염을 지시약으로 사용하여 과량으로 가한 질산은의 은이온을 티오시안산 이온으로 역적정으로 구하는 Volhard법, 그리고 형광지시약을 이용한 Fajans법이 있다.

이외에도 종말점을 알기위해 전위차 변화로 검출하는 전위차적정장치를 이용하여 지시약이 불필요하고 착색한 식품시료에서도 측정을 할 수 있는 장점이 있다.

다음은 식품공전에서 소개하는 Mohr법이다.

※ 참고. 식품공전[食品公典], 식염, 회화법

1) 분석원리

전처리한 검체용액을 비커에 넣고 크롬산칼륨(K_2CrO_4)시액 몇 방울 가한 후 뷰렛 등으로 질산은($AgNO_3$) 표준용액을 적하하면 Cl^-은 전부 AgCl

의 백색침전으로 되고 또 K_2CrO_4와 반응하여 크롬산은(Ag_2CrO_4)의 적갈색침전이 생기기 시작하므로 완전히 적갈색으로 변하는데 소비되는 $AgNO_3$액의 양으로 정량하는 방법이다.

2) 시험조작

식염 약 1 g을 함유하는 양의 검체를 취하여 필요한 경우 수욕상에서 증발건고한 후 회화시켜 이를 물에 녹이고 다시 물을 가하여 500 mL로 한 후 여과하고 여액 10 mL에 크롬산칼륨시액 2~3방울을 가하고 0.02 N 질산은액으로 적정한다.

3) 계산방법

$$\text{식염} = \frac{b}{a} \times f \times 5.85(\text{w/w\%, w/v\%})$$

a : 검체 채취량(g, mL)

b : 적정에 소비된 0.02 N 질산은액의 양(mL)

f : 0.02 N 질산은액의 역가

※ 참고. 식품공전[食品公典], 식염, 직접법

가. 회화법에 따라 취하여 물로 희석하여 500 mL로 한 후 그 10 mL를 취하여 가. 회화법에 따라 적정한다.

Exp - 9. 산가

※ 참고. 식품공전[食品公典], 산가

1) 시험법 적용범위

식용유지류, 과자류, 조미김, 유탕 · 유처리식품, 튀김식품, 식용유지가공품, 참깨분, 대두분, 식용번데기가공품 등에 적용한다.

2) 분석원리

산가라 함은 지질 1 g을 중화하는데 필요한 수산화칼륨의 mg수를 말하며, 산가는 지방산이 glyceride로서 결합형태로 있지 않은 유리지방산의 양을 나타낸다.

3) 시험조작

검체 5~10 g을 정밀히 달아 마개달린 삼각플라스크에 넣고 중성의 에탄올 · 에테르혼액(1 : 2) 100 mL를 넣어 녹인다. 이를 페놀프탈레인시액을 지시약으로 하여 엷은 홍색이 30초간 지속할 때까지 0.1 N 에탄올성 수산화칼륨용액으로 적정한다(다만, 검체가 착색되어 있을 때는 지시약은 1% 티몰프탈레인 · 알코올용액이나 2 % 알칼리블루-6 B 알코올용액을 사용하던지 또는 검체를 소량으로 하여 상기 용제를 증량하여 시험한다)

$$\text{산가} = \frac{5.611 \times a \times f}{S}$$

S : 검체의 채취량(g)

a : 0.1 N 에탄올성 수산화칼륨용액의 소비량(mL)

f : 0.1 N 에탄올성 수산화칼륨용액의 역가

Exp - 10. 과산화물가

※ 참고. 식품공전[食品公典], 과산화물가

1) 시험법 적용범위

식용유지류, 조미김, 튀김식품, 유탕 · 유처리식품, 식용번데기가공품 등에 적용한다.

2) 분석원리

과산화물가라 함은 규정의 방법에 따라 측정하였을 때 유지 1 kg에 의하여 요오드화칼륨에서 유리되는 요오드의 밀리당량수이다.

3) 시험조작

검체 약 1~5 g을 달아 초산 · 클로로포름(3 : 2) 25 mL에 필요하면 약간 가온하여 녹이고 쓸 때에 만든 포화요오드화칼륨용액 1 mL를 가볍게 흔들어 섞은 다음 어두운 곳에 10분간 방치하고 물 30 mL를 가하여 세게 흔들어 섞은 다음 전분시액 1 mL를 지시약으로 하여 0.01 N 티오황산나트륨액으로 적정한다. 따로 공시험을 하여 보정한다.

$$\text{과산화물가(meq/ kg)} = \frac{(a-b)-f}{\text{검체의 채취량(g)}} \times 10$$

a : 0.01 N 티오황산나트륨액의 적정수(mL)

b : 공시험에서의 0.01 N 티오황산나트륨액의 소비량(mL)

f : 0.01 N 티오황산나트륨액의 역가

Exp - 11. 당도계 이용 당도측정

1. 증류수로 그래스를 닦는 다음, 증류수를 이용하여 0점 조정을 한다
2. 휴지로 증류수를 닦아내고, 시료액을 스포이드로 방울방울 떨어뜨려 전면에 고르게 퍼지게 한다.
3. 기포가 발생되지 않게 커버를 덮고 흐르는 시료액은 닦아내고서 밝은 곳을 보면서 당도 값을 읽는다.

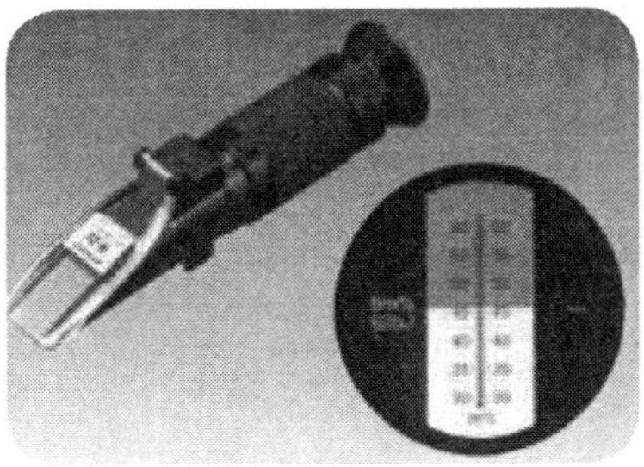

그림 2-7. 당도계

Exp - 12. 총산도

식품 속에 있는 유기산류를 산-염기 적정 방법을 이용하여 정량하는 실험이다. 유기산의 종류로는 식초의 주성분인 아세트산(acetic acid, 초산), 요구르트와 신 김치의 주성분인 락트산(lactic acid, 젖산, 유산), 포도의 타르타르산(tartaric acid , 주석산), 레몬, 귤 등의 시트르산(citric acid, 구연산)과 말레산(maleic acid, 사과산), 청주 등에 있는 숙신산(succinic acid, 호박산), 푸마르산(fumaric acid)을 들 수 있다.

① 시료채취 : 시료(식초, 밀감 등) 10 mL(또는 g)를 피펫(또는 저울)으로 정밀히 취한다.
100 mL 메스플라스크에 넣고 증류수로 100 mL까지 채운다.

② 희석 시료용액 제조: 취한 시료를 100 mL 메스플라스크에 넣은 후, 증류수를 가하여 100 mL를 채운 다음 균일하게 혼합한다. (단, 과실류는 해사와 온수를 넣어 마쇄하고 여과 필요)

③ 희석된 시료 100 mL 중 일정량, 예로서 20 mL를 정확히 취해 삼각플라스크에 담는다. [희석배수 = 100 mL / 20 mL = 5]

④ 삼각 플라스크에 지시약 (페놀프탈레인)을 2~3 방울 넣어준다.

⑤ 뷰렛에채원진염기표준용액예로서0.1 N-수산화나트륨으로적정한다. [지시약(페놀프탈레인) : 무색(산성)에서 분홍색(알칼리성)으로 변함] 30초 동안 분홍색이 유지되면 실험을 마친다.

⑥ 측정값을 이용하여 총산도를 계산한다.

계산식

$$총산도(\%, w/w, w/v) = \frac{총산량(g, mL)}{시료량(g, mL)} \times 100 = \frac{(N \times V \times F \times D)}{S} \times 100$$

초산의 경우에는 Mw(분자량)이 60이므로

$$총산도(\%, w/w, w/v) = \frac{0.006 \times V \times F \times D}{S} \times 100$$

N : 0.1 N NaOH 표준용액 N=0.1　　V : 0.1 N NaOH 소비 mL 수

F : 0.1 N NaOH Factor(팩터, 역가)　　D : 희석배수

S : 시료량(g, mL)

Exp - 13. pH 측정

1) pH

pH 란 수소이온 농도를 나타내는 한가지의 방법으로 수소이온의 몰농도의 역수에 log를 취한 값으로 정의 한다.

$$pH = \log \frac{1}{[H^+]} = -\log[H^+]$$

$$pOH = \log \frac{1}{[OH^-]} = -\log[OH^-]$$

$$H_2O \rightleftarrows H^+ + OH^-$$
$$Kw = [H^+] \cdot [OH^-] = 1.0 \times 10^{-14}$$
$$-\log Kw = -\log\{[H^+] \cdot [OH^-]\} = -\log 1.0 \times 10^{-14} = 14.$$
$$-\log[H^+] - \log[OH^-] = 14.$$
$$\therefore pH + pOH = 14.$$

수소이온 농도($[H^+]$, pH) 측정을 위해서는 Glass Electrode(유리전극)을 지시전극으로 가장 널리 쓰여지고 있다.

전극의 구성은 다음의 그림에서와 같다. 유리구는 지름이 0.5 ~ 1.0 cm, 두께가 0.1 ~0.3 mm 정도로 만들어져 있다. 유리구의 끝부분에는 유리막으로 구성되어 있다.

수소이온 농도($[H^+]$)가 다른 두 가지의 용액을 $[H^+]$에 대해서 반투성과 전도성을 나타내는 이 유리막을 이용하여 분리하여두면, 아래의 그림에서와 같이 진한 용액에서 묽은 용액으로 유리막을 통하여 수소이온의 일부가 확산하므로 유리막의 한편에는 (+) 하전을 띄고 반대편은 (−) 하전을 띄게 됨으로서 전위차가 생긴다.

C_2	(+)H^+, dil
Glass	Membrane
C_1	(−)H^+, conc.

유리구 속에는 보통 0.1 M HCl 완충 용액으로 만든 Ag−AgCl 전극이나 감홍(Calomel, 염화제1 수은) 전극과 같은 기준전극을 갖추고 있다. 이렇게 구성된 유리전극을 수소이온을 구하고자 하는 용액에 넣은 다음 외부의 기준전극과 짝을 지우면 완전한 전지가 이루어진다.

2) pH 미터 검교정

완충용액 pH 4, 7, 10 준비, 시료용액이 산성영역이면 pH = 7, 4를 이용하여 검교정한다. 전극을 pH = 7 완충용액에 담그고 나서 calibration(검량) 버턴을 누른다. 표시 값이 안정되면 measure(측정) 버턴을 누른다. 전극을 증류수로 세척하고서 pH = 4 완충용액에 담그고 나서 동일한 방법으로 검교정한다.

3) 시료용액의 pH 측정

전극을 증류수로 세척하고서 시료용액에 전극을 담그고서 측정한다.

4) 전극관리 유의

유리전극 파손에 주의하며, 손으로 만지거나, 건조하지 않도록 유의한다.

Exp - 14. 이물질 확인

※ 참고. 식품공전[食品公典]

1) 일반이물

(1) 체분별법

① 시험법 적용범위

검체가 미세한 분말일 때 적용한다.

② 분석원리

분말을 체로 쳐서 큰 이물을 체위에 모아 육안으로 확인하고, 필요시 현미경 등으로 확대하여 관찰한다.

③ 시험조작

검체가 미세한 분말일 때 비교적 큰 이물을 체로 포집하여 육안으로 검사한다. 필요에 따라 이물의 종류를 확인하고자 할 때는 현미경으로 약 40배 정도의 저배율로 본다. 이하 이물시험에 있어서는 모두 이와 같다.

(2) 여과법

① 시험법의 적용범위

검체가 액체일 때 또는 용액으로 할 수 있을 때 적용한다.

② 분석원리 및 시험조작

검체가 액체일 때 또는 용액으로 할 수 있을 때 그 용액을 신속여과지로 여과하여 여과지상의 이물을 검사한다.

(3) 와일드만 라스크법

① 시험법 적용범위

곤충 및 동물의 털과 같이 물에 잘 젖지 아니하는 가벼운 이물검출에 적용한다.

② 분석방법

식품의 용액에 소량의 휘발유나 피마자유 등 물과 섞이지 않는 포집액을 넣고 세게 교반한 후 방치해 놓으면 물에 잘 젖지 않는 가벼운 이물이 유기용매층에 떠오르는 성질을 이용하여 이물을 분리, 포집 후 검사한다.

③ 시험조작

와일드만플라스크 중에 검체를 물 및 기타 지정액(1 L의 플라스크에서는 600 mL, 2 L에서는 900 mL)과 섞어 다시 휘발유(무색 투명하고 납을 함유하지 아니하는 것), 피마자유 등 물과 섞이지 않는 포집액을 넣어 플라스크를 약 45 ℃기울여 교반봉으로 1분에 약 200~250회 저어 섞는다(이 때 공기의 기포가 들어가지 않도록 주의한다). 그 후 20분간은 수분마다 저어 섞고 약 30분간 방치한 다음 두 액층의 경계가 그림에서와 같은 위치에 올 때까지 물 또는 지정액을 조용히 부어 넣고 고무마개로 플라스크의 기벽을 긁어 부착해 있는 기름방울을 부상시켜 더욱 손잡이를 급속도로 회전시켜 고무마개에 부착된 검체와 기름을 털어내고 마개를 끌어 올려 플라스크의 목에 밀착시키고 이물을 포함한 기름층을 소량의 하층액과 함께 비커에 기울여 취하고 알코올 및 물로 막대기, 고무마개 및 플라스크 내벽을 씻어 그 씻은 액을 비커에 합쳐 그 액을 흡인 여과하여 여과지상에 이물이 있는가를 검사한다.

현미경으로 검사하고자 할 때는 글리세린 · 알코올혼액(1 : 1) 약 5 mL를 담은 페트리접시에 여과지를 옮겨 잘 적신 후 검사한다. 다시 와일드만 플라스크에 포집액 10~20 mL를 넣어 잘 저어 섞고 때때로 하층액을 저으면서 약 10~20분간 방치한 다음 먼저와 같이 조작하여 이물을 검사한다. 기울여 따라 포집한 액이 다량의 식품조직을 함유할 때 또는 여과지에 식물조직이 다량 협잡되어 현미경 검사가 어려울 때는 다시 새로운 와일드만플라스크에 옮겨 물로 잘 혼합시켜 먼저와 같이 포집하고 식물조직을 하층액에 옮겨 포집액을 여별한다. 다만, 이 조작은 이물의 손실을 초래할 염려가 있으므로 처음의 포집조작에서 가급적 검체가 떠오르지 않게 하는 것이 중요하다.

하층액으로서 포화식염수 또는 수성알코올을 사용하면 식물 조직의 떠오름을 어느 정도 방지할 수 있다.

(4) 침강법

① 시험법 적용범위

취똥, 토사 등의 비교적 무거운 이물의 검사에 적용한다.

② 분석원리

검체에 비중이 큰 액체를 가하여 교반한 후 그 액체보다 비중이 큰 것은 바닥에 가라앉고 이보다 비중이 작은 식품의 조직 등은 위에 떠오르므로, 상층액을 버린 후 바닥의 이물을 검사한다.

③ 시험조작

검체에 클로로포름(또는 사염화탄소, 에테르 또는 메탄올 등을 가하여 그 비중을 1.49로 한 것)을 가하여 저어 섞으면 이물은 용기의 밑에 가라앉는다.

바닥의 이물이 떠오르지 않게 조심하여 상층액을 기울여 버리고 바닥에는 클로로폼 소량과 이물만 남게 하고 이를 흡인 여과하여 여과지상에 이물이 있는가를 검사한다. 현미경검사를 하고자 할 때는 글리세린 · 알코올 혼액(1 : 1)을 넣은 페트리접시에 여과지를 옮겨 잘 적신 후 검사한다.

(5) 금속성이물(쇳가루)

① 시험법 적용범위

분말제품, 환제품, 액상 및 페이스트제품, 코코아가공품류 및 초콜릿류 중 혼입된 쇳가루 검출에 적용한다.(분쇄공정을 거친 원료를 사용하거나 분쇄공정을 거친 제품에 한한다.)

② 분석원리

쇳가루가 자석에 붙는 성질을 이용하여 식품 중 쇳가루를 검사한다.

③ 시험조작

ⓐ 분말제품, 환제품, 액상 및 페이스트제품

· 검체(분말제품 및 환제품 500 g, 액상 및 페이스트제품 1 kg)를 증류수 5~ 6 L와 혼합 후 (환제품의 경우 2시간이상 정치하여 검체를 으깸) 비닐을 씌운 봉자석(10,000 가우스 자력)으로 10분간 저어 쇳가루를 모은 후 건조하여 무게를 측정한다.

· 모은 쇳가루를 자력제거장치로 자력을 제거하고 표준망체(1.4 × 1.4 mm)에 통과하지 않고 남아 있는 쇳가루의 크기를 측정한다.

· 검출된 쇳가루가 식품과 붙어있거나 물리적으로 결합된 경우 300 ℃에서 1시간 회화로에서 가열하여 회화시킨 후 자석으로 쇳가루를 모아 무게를 측정하고 (2)에 따라 크기를 측정한다.

ⓑ 코코아가공품류 및 초콜릿류

· 검체(코코아분말 등 50 g, 초콜릿 100 g)를 비이커에 넣고 클로로포름 250 mL을 가한 후 유리나 플라스틱 막대로 균질화가 될 때까지 혼합하고 필요하면 가열하면서 혼합한다.

· 1N HCl로 자석교반막대를 세척 (자석교반막대에 묻어있는 쇳가루를 없애주기 위함)하고, HCl이 완전히 없어질 때까지 증류수로 세척한 후 건조한다.

· 비이커에 자석교반막대를 넣어 커버를 씌우고 핫 플레이트에서 낮은 온도로 10분 동안 교반한 후 플라스틱 집게(핀셋)로

자석교반막대를 제거한다.

- 자석교반막대를 다른 비이커에 옮겨 소량의 클로로포름, 에탄올로 세척하고, 쇳가루가 떨어져 나갈 때까지 과량의 세제(1% sodium lauryl sulphate solution)로 세척한 다음 마지막으로 에탄올로 세척하며 비이커에 붙어있는 쇳가루를 제거하기 위해 클로로포름 20~25 mL을 가한다.
- 코코아분말, 초콜릿 현탁액에 자석교반막대를 다시 넣고 커버를 씌우고 핫 플레이트에 올려 놓은 다음 10분 동안 교반하고 수세하는 과정을 2회 반복한다. 각 수세한 액을 비이커에 옮긴다.
- 쇳가루가 포함되어 있는 액을 흡입여과기와 여과지 또는 이와 동등한 것으로 여과한다.
- 자력 때문에 응집되어 있는 입자가 있을 경우에는 덩어리가 분리될 때까지 적당히 강한 물로 수세한다.
- 자석교반막대에 붙은 모든 입자를 떼어내기 위해 비이커에서 클로로포름으로 수세하고 수 초간 건조한 후 셀로판테이프로 자석교반막대에 묻어 있는 입자를 떼어낸 후 비이커에 넣고 클로로포름이나 아세톤을 가하여 녹인 후 여과지로 여과한다.
- 여과지를 페트리접시로 옮긴 다음 글리세롤-알콜 혼합액으로 적신 후 현미경으로 검경하고 크기가 0.5 mm이상인 쇳가루의 무게를 측정한다.

(6) 김치 중 기생충(란)

① 장치

ⓐ 광학 현미경(100배~400배 검경 가능한 것)

ⓑ 원심분리기(swi ngi ng bucket rotor가 장착된 것)

② 기구

ⓐ 2 L 비커

ⓑ 18 mesh 체 및 35 mesh 체

ⓒ 50 mL conical centrifuge tubes

ⓓ 10 mL 일회용 주사기 (19 G 바늘 달린 것)

ⓔ 현미경용 슬라이드글라스, 커버글라스 (20 × 40 mm)

ⓕ 액량계 2 L

③ 시약 및 시액

ⓐ 포르말린

ⓑ Tween 80

ⓒ 포화 sucrose 용액
sucrose 128 g을 80~90 ℃ 증류수 100 mL에 넣어 녹인 다음 상온이 될 때까지 식힌다. 포화 sucrose 용액에 포르말린 원액 400 μL를 넣고 잘 흔들어서 섞어 준다.

ⓓ 세척액(0.5 % sodium dodecyl sulfate, SDS) : SDS 0.5 g을 적당량의 물에 녹이고 Tween 80 0.1 mL를 넣어 잘 흔들어 섞은 후 100 mL로 한다.

④ 시험용액의 조제

ⓐ 검체 200 g을 2 L의 세척액에 담근다.

ⓑ 검체를 건져내고, 침전물을 18메쉬 체(1 × 1 mm) 및 35메쉬 체 (0.5 × 0.5 mm)로 연속해서 걸러 고춧가루 등 고형물을 제거한다.

ⓒ 여과액을 2L 액량계에 모으고 30분간 두었다가 200 mL를 남기고 조심스럽게 상층액만을 버린다.

ⓓ 같은 방법으로 증류수로 2차례 반복하여 세정한다. 침전물을 50 mL conical centrifuge tubes에 옮겨 1,000 G에서 10분간 원심분리한 후 상층액을 버린다.

ⓔ 김치 침전물을 1 mL씩 3개의 50 mL conical centrifuge tube에 각각 옮겨놓고 부유액(포화 sucrose 용액) 10 mL를 넣고 잘 흔들어서 김치 침전물이 부유액과 섞이도록 한 후 conical centrifuge tube 상단 10 mm 전까지 부유액을 채운다.

ⓕ 50 mL conical centrifuge tube를 swi ngi ng bucket rotor가 장착된 원심분리기에서 1,000 G로 15분간 원심분리 한다.

ⓖ 원심분리 후 conical centrifuge tube가 흔들리지 않도록 조심스럽게 꺼내어 미리 준비해 둔 부유액(포화 sucrose 용액)이 채워진 주사기의 바늘을 conical centrifuge tube의 한쪽 벽에 대고 조심스럽게 천천히 용액을 주입하여 conical tube 상단으로 액면이 약간 볼록하게 솟아 오르도록 한다.

⑤ 검경

ⓐ conical tube의 솟아 오른 액면 위에 22 × 40 mm 커버글라스를 살짝 올려서 부유물을 붙게 한 후 커버글라스를 슬라이드글라스 위에 올려놓고 tube 한 개당 2~3장의 슬라이드 표본을 제작하여 검경한다.

ⓑ 검체 슬라이드를 광학현미경에서 100배로 검경하다가 충란 유사 물체가 관찰되면 400배로 확인한 후 크기를 계측하고 동정한 다음 기록한다.

※ 참고. 식품공전[食品公典], 식품별 이물

1) 시험법 적용범위

아래의 개별 시험법에 예시된 식품에 적용한다.

2) 분석원리

식품의 특성에 따라 검체를 전처리한 후 9.2.1 일반이물을 활용하여 검사한다.

3) 시험조작

① 식빵, 라면, 국수, 두부, 건과, 유과, 건빵, 도나스, 전분 및 이유식 검체 50~100 g을 잘게 하여 1 L의 와일드만플라스크에 넣고 석유에테르를 검체가 담겨질 정도로 부어 때때로 흔들어 섞으면서 1시간 방치한 후 부흐너깔때기로 흡인 여과해서 가능한 한 석유에테르를 제거하고 깔때기 위의 검체를 물로 와일드만플라스크에 씻어 넣고 물을 가하여 전량을 500 mL로 하고 수욕상에서 가열한다.

이 때 때때로 흔들면서 검체 덩어리를 더욱 잘게 하면서 남아 있는 석유에테르를 제거한 후 식히면 염산을 1 %가 될 정도로 가하여 약 1시간 끓여 소화시킨다.

이 때 될 수 있는 대로 검체를 더 잘게 한 후 위의 9.2.1 일반 이물시험 다. 및 라.에 따라 시험한다.

② 간장, 식초, 소스, 청량음료수, 유산균음료, 주류, 우유, 살균산양유, 탈지유, 가공유, 발효유 및 유음료

(1) 검병법

검체가 투명한 것은 광원(태양광선 또는 전등)을 향하여 백색 또는 흑색지를 배경으로 하여 병을 조용히 거꾸로 하여 투시한다. 이물이 있으면 상징액을 이물이 흘러나가지 않게 기울여 버리고 잔사를 잘 섞어서 흡인 여과하거나 원심침전하여 여과지상의 잔류물 또는 원심침전한 경우는 병밑의 침전물을 모세관 피펫으로 빨아올려 이물의 종류를 확인한다. 또한 투명한 것일지라도 색이 진한 것이나 점조성으로 인하여 위의 방법으로 침전물의 검사가 되지 않는 것은 다음의 (2) 희석법에 따른다.

(2) 희석법

침전물이 있는 것 및 혼탁된 것은 검체를 대형비커에 옮기고 물을 가하여 적당히 희석하고 조용히 저으면서 광원을 향해 이물의 유무를 검사한다.

이물이 있을 때는 다음 (3) 분리법의 (가) 또는 (나)의 방법에 의하여 분리한다.

(3) 분리법

① 클로로포름에 의한 분리(주로 광물성 이물)

병속에 검체 전부를 원심침전하여 상징액을 기울여 버리고 침전을 비커에 옮겨 건조하고 클로로포름을 가하여 잘 섞는다. 다음에 30분간 때때로 침전을 유리봉으로 조용히 저어 정치한 후 상층 및 클로로포름층을 기울여 버리고 비커에 남은 이물을 다시 클로로포름으로 수회 씻고 클로로포름으로 부흐너깔때기 혹은 힐슈깔때기로 흡인 여과하여 여과지상의 이물을 검사한다.

② 염산분해에 의한 분리(주로 동 · 식물성 이물)

검체 전부를 원심침전하고 상징액을 기울여 버리고 침전을 삼각플라스크에 옮겨 1 % 염산용액 약 200~300 mL를 가하여 약 1시간 끓인다. 식힌 후 부흐너깔때기 혹은 힐슈깔때기로 흡인여과하여 여과지상의 이물을 검사한다.

③ 된장, 고추장, 춘장, 케첩, 잼, 커피, 차, 고추가루, 후추가루 및 카레

검체 50 g을 500 mL의 비커에 넣고 물 300 mL를 가하여 잘 저어 균일하게 한 다음 염산 12 mL를 가하고 약 5분간 조용히 끓인 후 식히고 위의 9.2.1 일반 이물시험 다.에 따라 시험하고 침전물이 있을 때는 수분을 제거한 후 9.2.1 일반 이물시험 라.에 따라 시험한다.

④ 설탕, 포도당, 물엿, 벌꿀, 분말청량음료, 인스탄트커피 및 인삼차

검체 50 g을 취하여 물 200 mL에 녹여 위의 9.2.1 일반 이물시험 나.에 따라 시험한다(다만, 벌꿀에 있어서는 꽃가루, 벌집 및 꿀벌에서 유래되는 이물을 제외한다).

⑤ 버터, 마아가린, 쇼트닝, 참기름, 채종유, 미강유, 대두유 및 크림

검체 100 g을 1 L의 비커에 넣고 2% 염산용액 200 mL를 가하여 섞은 후 가열하여 검체가 완전히 녹으면 여과지로 여과한다. 따로 열탕을 준비하여 여과지에 지방이 응고되어 잘 여과되지 아니할 때, 이 열탕으로 완전히 녹여 여과한 후 여과지에 부착된 이물을 검사한다.

⑥ 아이스크림분말, 무당연유, 가당연유, 가당탈지연유, 전지분유, 탈지분유, 가당분유 및 조제분유

검체 100 g을 1 L의 비커에 넣고 2% EDTA용액 100 mL를 가하여 잘 섞어서 덩어리가 없도록 한 후 저으면서 2% EDTA용액 400 mL를 천천히 가한다.

저어 섞는 동안에 차차 황색의 반투명한 액체가 되며 약 30분 방치하면 완전히 녹는다. 이를 부흐너깔때기 또는 힐슈깔때기로 흡인 여과하여 여과지상의 이물을 검사한다.

⑦ 식육제품, 어육제품

검체 50 g을 사방 약 7 mm의 크기로 잘라서 와일드만플라스크에 넣고 1% 염산용액 300 mL를 가하여 끓인 다음 수산화나트륨용액

으로 pH 6으로 하고 다시 제3인산나트륨용액으로 pH를 7~8로 하여 온도를 40 ℃로 한 후 판크레아틴용액 50 mL를 가하여 충분히 섞어 40 ℃에서 30분간 방치한다.

다음에 pH를 7~8로 조정하고 하룻밤 40 ℃항온기에 넣어 소화시킨다.

소화 후 일단 끓이고 식혀서 휘발유 25 mL를 가하여 위의 9.2.1 일반 이물시험 다.에 따라 시험하고 침전물이 있을 때는 수분을 제거한 후 9.2.1 일반 이물시험 라.에 따라 시험한다.

판크레아틴용액 : 판크레아틴 5 g에 물 50 mL를 가하여 5~15분간 저어 섞은 후 가볍게 물로 적신 탈지면으로 여과하여 여액을 쓴다. 사용 직전에 만든다.

⑧ 마요네즈

검체 100 g을 1 L의 비커에 넣고 인산 50 mL를 넣어 잘 섞고 물 300 mL를 가하여 다시 잘 섞어서 이를 부흐너깔때기 혹은 힐슈깔때기로 흡인 여과하여 여과지에 부착된 이물을 검사한다.

⑨ 아이스크림류

녹였을 때 투명한 액체일 때는 청량음료수에 따르고 아이스크림의 경우에는 검체 50 g에 물을 가하여 100 mL로 하고 이에 4 % EDTA 용액을 가하여 이하 아이스크림 분말에 따른다. 팥 등 식물을 가하여 만든 빙과는 된장에 따라 시험한다.

⑩ 캐러멜 및 알사탕류

검체 100 g을(필요하면 분쇄한다) 500 mL의 비커에 넣고 250 mL의 열탕을 가하여 약 80 ℃의 수욕중에서 30분간 저어 녹여 150 메쉬 체로 여과하고 약 50 ℃의 온탕으로 잘 씻은 후 잔류물에 대하여 이물을 검사한다.

⑪ 껌

검체 100 g을 150~600 mL의 물 또는 300~600 mL의 2 % 염산 중에 가하여 10~12분간(껌베이스가 분리할 때까지) 끓이고 즉시 가열을 그친다. 혼합액을 55 ℃이하로 식히고 삼각 플라스크에 옮겨 초산에틸 150 mL를 가하고 환류냉각관를 달아 혼액이 고르게 될 때까지 끓인다. 따뜻할 때 110메쉬 체로 여과하여 에틸아세테이트로 씻고 여과지에 옮겨 이물을 검사한다.

⑫ 초콜릿류

검체 50 g을 1 L의 비커에 넣고 5~10 % 붕산용액 500 mL를 가하여 15분간 끓인다. 이를 140메쉬 체로 여과하고 온탕을 강하게 부어 충분히 씻고 에탄올 및 클로로포름으로 2회 교대로 씻고 최후에 에탄올로 씻은 후 여과지에 옮겨 이물을 검사한다.

⑬ 빵류 및 생과자류

검체의 크림부분 50 g에 2 % 염산용액 200 mL를 가하여 끓이고 저어 섞어 곧 흡인여과한다. 여과하기 어려울 때는 에탄올 약 100 mL를 가하여 여과하고 여과지는 2 % 뜨거운 염산용액으로 씻은 다음 이물을 검사한다.

또 생지(즉 카스테라 및 빵부분) 부분은 별도로 60 g을 취하여(빵은 100 g) 1 L의 와일드만플라스크에 넣어 석유에테르를 침윤될 정도로 가하고 때때로 흔들어 주면서 1~2시간 방치한다.

다음에 부흐너깔때기로 흡인하여 가급적 석유에테르를 제거하고(이 때 빵의 조직물은 가급적 여과지상에 따라 오지 않게 한다) 여과지상에 남아 있는 소량의 조직물을 물로 먼저의 와일드만플라스크에 씻어 넣어 600 mL로 하고 수욕상에서 인화되지 않게 주의하면서 가열한다. 이 때 가끔 저어주면서 덩어리를 부셔주면서 석유에테르를 완전히 날려 보내고 식힌 후 염산을 1 %정도가 되도록 넣어 약 1시간 끓이면서 가끔 부수어 주며 소화시킨다.

식힌 후에 휘발유 25 mL를 넣어 위의 9.2.1 일반 이물시험 중의 다.에 따라 시험한다.

무거운 이물은 조작 후의 상징액을 기울여 버리고 60 % 알코올로 잔류물을 비커에 옮겨 수분을 제거하고 클로로포름을 가하여 위의 9.2.1 일반 이물 중의 라.에 따라 시험한다.

⑭ 통조림

검체 약 350 g을 깨끗한 용기에 옮겨 관 내면을 물로 잘 씻고 다시 물로 내용물이 부서지지 않게 주의해서 충분히 씻어 이 씻은 액을 부흐너깔때기 혹은 힐슈깔때기로 흡인여과하여 여과지상의 이물을 검사한다. 만일 작은 조직이 많을 때는 씻은 액을 와일드만플라스크에 옮겨 휘발유를 가하여 위의 9.2.1 일반 이물 중의 다.에 따라 시험하고 무거운 이물이 있을 때는 9.2.1 일반 이물 중의 라.에 따라 시험한다

Exp - 15. 미생물분석(microbiological analysis)

미생물분석을 위해서는 무균적으로 수행되어야 하며, 시험과정 중의 교차오염을 방지하기 위해 청결을 유지하여야 한다. 식품공전에 언급된 상세한 부분은 부록의 미생물분석 부분을 참고바라며, 여기서는 세균수 측정값의 계산을 살펴봅니다.

DISCUSSION TIME

Q&D) 세균수 측정에 대해 토론해 봅시다.

표 2-10. 세균수 실험결과_1

희석배수	10배	100배	1000배	10000배
집락수 (CFU/ mL)	228	20	4	2
	224	30	3	3

표 2-11. 세균수 실험결과_2

희석배수	100배	1000배	10000배
집락수 (CFU/ mL)	298	36	4
	291	34	5

왜 집락수가 30~300개 경우만 계산할까요? :

아래의 두 가지 실험결과에서 세균수를 각각 계산하세요. :

Q&D) 다음은 어느 식품의 기준과 규격의 일부이다. n, c, m, M이 무엇인가?

(1) 수분(%) : 8.0 이하

(2) 타르색소 : 검출되어서는 아니 된다.

(3) 대장균 : n = 5, c = 2, m = 0, M = 10

왜 집락수가 30~300개 경우만 계산할까요? :

아래의 두 가지 실험결과에서 세균수를 각각 계산하세요. :

H) - 우선 세균의 집락수가 30~300개 경우만 계산한다.

- 3.2×10^4 CFU/ mL or 32000 CFU/ mL

Basic science for co

Part III.

텍스처 (조직감, texture)

학습목표

- 관능평가의 정의와 목적을 말할 수 있다.
- 관능평가과정을 설명할 수 있다.

king

1장.

텍스쳐(조직감, texture)

1. 조직감

조직감(texture, 텍스쳐) : 식품을 입에 넣었을 때의 느낌과 이것을 씹었을 때의 느낌과 이것을 삼켰을 때의 느낌을 종합한 것이다.

1) 경도(Hardness)

경도(Hardness)는 일정 변형을 일으키는데 필요한 힘의 크기로 관능적으로는 식품을 어금니 사이에 혹은 혀와 입천장 사이에 놓고 눌렀을 때 드는 힘의 크기를 말한다.

예) 무르다→굳다→단단하다

2) 응집성(Cohesiveness)은 부서짐성(Brittleness), 씹힘성(Chewiness), 껌성(Gumminess)

(1) 응집성(Cohesiveness)은 어떤 물체를 형성하는 내부 결합력의 크기로서 관능적으로는 직접 감지되기 어려우며, 2차적인 특성인 Brittleness, Chewiness, Gumminess로 나타낸다.

(2) 부서짐성(Brittleness)은 물질이 깨어지는데 필요한 힘으로 정의되며, 굳기(Hardness)와 응집성에 영향받는 2차 특성이다. 고체 식품을 어금니 사이에 놓고 깨어질 때까지 씹는데 필요한 힘의 크기와 눌리는 정도로 측정된다.

예) 부스러진다→깨어진다

(3) 씹힘성(Chewiness)은 고체 식품을 삼킬 수 있을 때까지 씹는데 필요한 일의 양으로 굳기, 응집성 및 탄력성에 영향받는다. 관능적으로는 일정 크기의 시료를 일정한 힘과 속도로 삼킬 수 있을 때까지 씹는 회수를 말한다. 이 때 씹는 속도는 1초에 1회로하며, 힘의 크기는 껌을 0.5초에 한번 씹는 정도이다.

예) 연하다→졸깃졸깃하다

(4) 껌성(Gumminess)은 반고체 식품을 부수뜨리는데 필요한 일의 크기로 정의되며 굳기와 응집성에 영향받는다. 관능적으로는 반고체 식품을 혀와 입천장 사이에 놓고 비벼보았을 때 부서지기까지의 힘의 크기을 의미한다.

예) 푸석푸석하다

표 3-1. 텍스쳐(조직감)의 정의

일차적 요소	이차적 요소	물리적 정의
경도 (Hardness)		· 일정한 변형을 하는 데 필요한 힘
응집성 (Cohesiveness)	부서짐성 (Brittleness)	· 부서지는데 드는 힘 : 단단하고 응집성이 낮다.
	씹힘성 (Chewiness)	· 고체의 시료를 삼키지 전까지 씹는데 드는 힘
	껌성 (Gumminess)	· 반고체성 시료를 삼키기 전까지 씹는데 드는 힘 : 경도가 낮고 응집성이 높다.
탄성 (Springiness)		· 변형하는데 사용된 힘을 제거한 후, 변형된 물질이 원래의 형태로 돌아가는 데 걸리는 속도
부착성 (Adhesiveness)		· 식품의 표면과 다른 식품의 표면을 분리하는 데 필요한 힘
점도 (Viscosity)		· 일정한 힘단위당 흐름 속도

3) 탄성(Springiness)

탄성(Springiness)은 물체가 주어진 힘에 의하여 변형되었다가 그 힘이 제거될 때 다시 복귀되는 정도로서, 관능적으로는 일정 크기의 시료를 어금니 사이 혹은 입천장과 혀 사이에 놓고 완전히 깨어지지 않을 정도로 눌렀다가 떼었을 때 복귀되는 속도와 정도로 측정된다.

예) 탄력이 없다→말랑말랑하다

4) 부착성(Adhesiveness)

부착성(Adhesiveness)은 식품 표면이 접촉 부위에 달라붙는 힘을 극복하는데 필요한 일의 양을 뜻하며, 관능적으로는 일정 크기의 시료를 혀로 입천장에 눌러 붙인 다음 다시 혀로 떼어내는데 드는 힘의 크기를 의미한다. 예) 미끈미끈하다→끈적끈적하다

5) 점도(Viscosity)

점도(Viscosity)는 흐름에 대한 저항의 크기를 의미한다. 관능적으로는 숟가락에 액체 물질을 떠서 입에 대고 빨아들이는데 필요한 힘의 크기를 의미한다. 예) 묽다→진하다→되다

2. 기하학적 특성

1) 입자의 크기와 형태에 따라 꺼칠하다, 보드랍다.

2) 입자의 형태와 방향에 따라 거칠다, 뻣뻣하다.

3) 기타 특성

① 수분 함량에 따라 꼬실꼬실하다, 질퍽질퍽하다.

② 지방 함량에 따라

- oiliness : 번드르르함
- greasiness : 미끈미끈함

3. TPA(Texture Profile Analysis)

General Food Texturometer의 2회 반복 압착 시험에서 얻은 힘-거리 곡선

Hardness = A_1의 높이,

Adhesiveness = A_3

Cohesiveness = A_2/A_1

Springiness = C−B

(단, C = Time constant for clay)

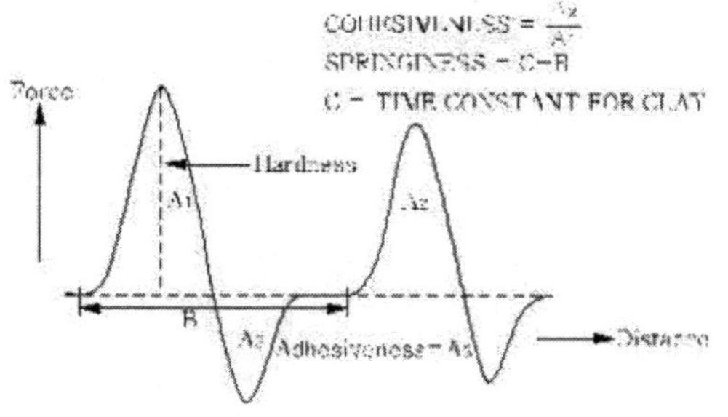

그림 3-1. TPA(텍스쳐 프로파일 분석)

Basic science for co

Part IV.

외식 및 위생관리

학습목표

- 산업을 정의, 분류할 수 있다.
- 급식(외식)산업을 정의 및 분류할 수 있다.
- 급식(외식) 위생관리를 설명 및 실행할 수 있다.

Key words : 산업, 급식(외식), 급식(외식)산업, 위생, HACCP, ISO

king

1장.

외식산업

1. 외식(外食, eat out, dine out)

우리의 식생활은 크게 가정내 식생활과 가정외 식생활로 구분할 수 있다. 지금과는 달리 옛날에는 가정 외에서 식사를 할 수 있는 곳이 거의 없었을 것이므로, 가정을 떠나서 생활을 해야 할 경우에 식사를 해결할 수 있는 방법은 극히 제한 적이었다. 이런 상황에서 생겨난 것이 정식요리이다. 정식요리는 "Table d'Hote"(타블 드 호트, Table of the Host)라고 부르며 이는 숙박시설에서 머물면서 주인이 먹는 동일한 식사를 제공받은 것으로부터 생겨났다.

일반적으로 음식은 조리하여 바로 먹는 것이 일반적이다. 이와 같이 음식을 조리하는 것과 소비되는 것의 시간적, 공간적 면에서 살펴보면 표 4-1과 같으며, 가정에서 직접 해 먹지 아니하고 밖에서 음식을 사 먹는 것을 사전적 정의로 외식으로 부르고 있다.

즉 외식이란 일반적으로 가정 외에서 조리, 가공된 음식을 상품화(인적, 물적, 분위기, 편익성, 가치)하여 제공하는 식생활 전체를 총칭하거나, 가정 이외의 장소에서 행하는 식사행위의 총칭으로 가정 외 생활, 가정 밖에서의 식생활 패턴의 총칭이다. 또한 외식을 집단급식/단체급식의 비상업적인 외식과 상업적인 외식으로 구분할 수 있다.

표 4-1. 공간, 시간에 따른 식사의 종류

구 분	공간요인	시간요인	예	비고
음식 조리 장소	가정 내	즉시 또는 저장보관 후에 소비	- 가정 내에서 완전조리, 반제품을 이용한 조리 - 가정대용식(HMR, Home meal replacement)*	
	가정 외		- 일반음식업소, 휴게음식점 - 집단급식소(학교, 병원, 군대 등)	
음식 소비 장소	가정 내		- 가정 내에서 조리하여 식사 - 가정 외에서 조리된 음식을 운반하여(배달, take out)식사	내식
	가정 외		- 집단급식소(학교, 병원, 군대 등) - 비행기, 선박 등	단체급식/집단급식 비상업적 외식
			- 일반음식점 - 휴게음식점 등	상업적 외식

* 가정대용식(HMR), 1차 조리된 식품으로 가열 등 간단한 절차를 거쳐 식사를 대신할 수 있는 식품.

우리나라의 외식과 관련된 역사적 배경을 살펴보면 다음과 같다.

신라의 수도 경주에서 490년에 최초 시장이 열렸으며, 509년에 동시, 695년에 서시, 남시 등 상설시장이 열린 기록이 있다. 고려 개성에서 983년에 성례, 락빈, 옥장, 영액, 연령, 희빈 등의 이름을 가진 식당이 개설되었다는 고려사의 기록이 있다. 또한 1103년에 각 고을에 술과 음식을 팔고 숙박도 겸하는 상설식당이 개설된 것으로 여겨진다.

식당의 유래의 기록을 살펴보면 다음과 같다. 조선왕조 1398년에 국립대학 격인 성균관에는 약 2백 명 유생들이 거처 하고 있었으며, 강의를 듣던 명륜당과 음식을 먹는 장소로서의 "식당" 이란 기록이 나타나고 있다.

다음은 우리나라에 서양요리의 전파에 대해 알아보면 다음과 같다.

개화기를 맞아 외국인 선교사들을 포함하여 여러 나라들과 외교를 맺고 왕래가 빈번해짐으로써 서양음식도 함께 전래 된 것으로 추정된다. 우리나라에서 공식적으로 서양요리가 첫 선을 보인 것은 1888년, 인천에서 일본인이 최초로 외국인을 대상으로 한 대불호텔을 건립하면서로 여겨진다. 그 이전에도 외국인 선교사들을 위해 음식을 만들었을 것으로 추정이 되나 기록이 없는 상황이다. 그리고 1902년 10월에 손탁호텔에 프랑스식 레스토랑이 만들어지며 서양조리가 본격적으로 선보이기 시작하였다.

이후에도 1914년에 조선호텔이라는 서구식 호텔이 생기면서 일대 전환기 맞았으며, 1925년에 철도식당인 서울역내 그릴(grill)이 탄생함으로써 서양조리의 기술향상에 크게 이바지하였고, 1930년에 경성부인회에서 국내 최초로 서양조리책(The Seoul Women's Club Cook Book)이 발간되었으며, 1936년에 개관한 목정호텔이 호텔 양식당을 갖추어 서양음식을 제공하게 되었다.

외식이 식사인 이상 식사가 일반적으로 갖추어야하는 조건과 기능이 요구된다. 이에는 생리적 기능과 식사 분위기와 관련된 감상적, 심리적 기능, 식탁의 구성, 지역 및 민족의 생활문화에 기초하여 요구되는 사회적 문화적 기능 등이다. 또한 이러한 기능들은 유형재인 음식물과 무형재인 서비스인 즉, 인적 서비스, 물적 서비스, 각종 편익제공, 분위기 연출을 위한 서비스-음악 등 복합화, 일체화한 상품으로 고객에게 제공되어야 한다.

2. 외식산업

외식산업이란, "기업규모가 커지고 체인화 한 음식서비스업을 종래의 생업적인 음식업과 구별하여 일컫는 말"이라고 정의할 수 있다. 즉 규모면에서 확대되고 경영면에서 체계를 갖추었기 때문에 식당업, 요식업, 음식업 등과 같이 하나의 업으로 불렸던 분야가 외식서비스 산업으로 불리게 되었다.

외식산업에 대한 또 다른 정의로는 "생리적인 목적과 동시에 외식을 충족시키려는 의지를 가진 자를 위하여 법적 기준의 음식과 시설을 갖추어 음식과 식행위에 부수되는 것을 제공·이용하게 하는 업"이라고 정의하기도 하며, "가정 이외의 일정한 장소에서 조리·가공된 음식물과 인적·물적 서비스, 가치를 포함시켜 창출된 종합상품을 금액지불을 통해 고객에게 제공되는 사업의 전체"를 총칭하여 외식산업이라 하기도 하는 등 외식산업에 대한 정의는 다양하다.

3. 외식산업의 분류

우리나라의 외식산업의 분류는 다음과 같이 한국표준산업에 의한 분류와 의약품을 제외한 사람이 먹고 마시는 모든 것을 총칭하는 음식인 즉 식품과 관련된 식품위생법에 의한 분류로 대별할 수 있다.

1) 한국표준산업에 의한 분류

(1) 음식점업(552)

① 일반음식점업(5521)

② 기타 음식점업(5522)

(2) 주점업(5523)

(3) 다과점(5524)

2) 식품위생법에 의한 분류

① 휴게음식점영업

② 일반음식점영업

③ 단란주점영업

④ 유흥주점영업

⑤위탁급식영업

⑥제과점영업

DISCUSSION TIME

Q&D) 식품, 영양, 조리, 외식산업 등 전공과 관련된 주요 국가별 산업 분류에 대해 토론해 봅시다.

국가별?

기타? :

H) NAICS(미국, 캐나다, 멕시코)

표 4-2. 2012 NAICS Structure

2012 NAICS Structure

T=trilateral agreement(UnitedStates, Canadaand Mexico)
Note for Indicator field :

* = title change, nocontent change
** = new code for 2012 NAICS
*** = re-usedcode, content change(with or withou ttitle change)
http://www.census.gov/eos/www/naics/index.htmL

Change Indicator	2012 NAICS Code	2012 NAICS Title
	72	Accommodation and Food Services[T]
	721	Accommodation[T]
	7211	Traveler Accommodation[T]
	72111	Hotels(except Casino Hotels) and Motels[T]
	721110	Hotels(except Casino Hotels) and Motels
	72112	Casino Hotels[T]
	721120	Casino Hotels
	72119	Other Traveler Accommodation[T]
	721191	Bed-and-Breakfast Inns
	721199	All Other Traveler Accommodation
	7212	RV(Recreational Vehicle) Parks and Recreational Camps[T]
	72121	RV(Recreational Vehicle) Parks and Recreational Camps[T]
	721211	RV(Recreational Vehicle) Parks and Campgrounds
	721214	Recreational and Vacation Camps(except Campgrounds)
	7213	Rooming and Boarding Houses[T]
	72131	Rooming and Boarding Houses[T]
	721310	Rooming and Boarding Houses
	722	Food Services and Drinking Places[T]
	7223	Special Food Services[T]
	72231	Food Service Contractors[T]
	722310	Food Service Contractors
	72232	Caterers[T]
	722320	Caterers

	72233	Mobile Food Services[T]
	722330	Mobile Food Services
	7224	Drinking Places(Alcoholic Beverages)[T]
	72241	Drinking Places(Alcoholic Beverages)[T]
	722410	Drinking Places(AlcoholicBeverages)
**	7225	Restaurants and Other Eating Places[T]
**	72251	Restaurants and Other Eating Places[T]
**	722511	Full-Service Restaurants
**	722513	Limited-Service Restaurants
**	722514	Cafeterias, Grill Buffets, and Buffets
**	722515	Snack and Nonalcoholic Beverage Bars

2012 NAICS Code	2012 NAICS Title	2007 NAICS Code	2007NAICSTitle (and specific piece of the 2007 industry that is contained in the 2012 industry)
721110	Hotels(except Casino Hotels) and Motels	721110	Hotels(except Casino Hotels) and Motels
721120	Casino Hotels	721120	Casino Hotels
721191	Bed-and-Breakfast Inns	721191	Bed-and-Breakfast Inns
721199	All Other Traveler Accommodation	721199	All Other Traveler Accommodation
721211	RV (Recreational Vehicle) Parks and Campgrounds	721211	RV(Recreational Vehicle) Parks and Campgrounds
721214	Recreational and Vacation Camps(except Campgrounds)	721214	Recreational and Vacation Camps(except Campgrounds)
721310	Rooming and Boarding Houses	721310	Rooming and Boarding Houses
722310	Food Service Contractors	722310	Food Service Contractors
722320	Caterers	722320	Caterers
722330	Mobile Food Services	722330	Mobile Food Services
722410	Drinking Places(Alcoholic Beverages)	722410	Drinking Places(Alcoholic Beverages)
722511	Full-Service Restaurants	722110	Full-Service Restaurants
722513	Limited-Service Restaurants	722211	Limited-Service Restaurants
722514	Cafeterias, Grill Buffets, and Buffets	722212	Cafeterias, Grill Buffets, and Buffets
722515	Snack and Nonalcoholic Beverage Bars	722213	Snack and Nonalcoholic Beverage Bars

2장.

외식산업 관련정보

우선 최근의 외식산업의 규모 등을 포함한 상황을 찾아본다. 즉 과거 및 현재의 자료와 정보로부터 트렌드와 다가올 미래를 좀더 정확하게 예측할 수 있는 바탕이 되었으면 하는 바람이다.

1. 우리나라 외식산업의 역사

우리나라의 외식산업을 논하기 위해서는 여러 가지의 여건을 고려하여야 할 것이, 우선 경제적 사회적 요인을 살펴보면서 외식산업의 형성 전인 음식업으로부터 외식산업으로 발전된 상황을 살펴보기로 한다. 주요 내용은 표 4-3와 같다.

1) 음식업의 발전

1945년 일본의 강점으로부터 해방과 함께 나라의 발전을 위해 혼신의 노력을 기울이게 되었으나, 북한의 남침으로 발생된 6.25 전쟁으로 인해 물질적, 정신적으로 황폐화된 상황에 직면하게 되었다. 식량사정 도한 예외가 될 수 없이 극도로 악화된 상황에서 미국의 원조품에 의존할 수밖에 없는 실정이었다. 정부 차원에서 분식 장려 등으로 식량문제를 덜기 위한 노력이 진행되었다.

식생활은 가내 주도형이 주류이나 전통 음식점 형태로 166점포(1945년)가 존재한 것으로 나타나며 주요업체로는 이문 설렁탕(1907), 용금옥('30), 금보추어탕('30), 한일관('34), 조선옥('37), 안동장('40), 남포면옥('48), 하동관('48) 등이 있으며, 제과점인 고려당('45)이 등장하였다.

1960년 – 경제 개발계획의 추진함으로써 점차 문화수준이 향상되고 외식산업의 기초가 마련.

1970년 – 식생활의 향상에 따라 교양 및 여가에 대한 관심이 나타나 외식 소비가 증가하여 많은 음식점들 출현.

2) 외식산업의 발전

음식업이 발전되어 규모가 커짐에 따라 음식업, 식당업, 요식업 등 여러 가지로 사용되던 용어가 외식산업이라는 단일화된 용어로 사용되기 시작한다. 1977년에는 림스치킨에 의해 국내 최초로 프랜차이즈 형식이 도입되고, 1979년에는 일본 롯데리아(Lotteria)와 합작으로 국내 롯데리아가 개점되고 국내에서도 본격적인 프랜차이즈 시스템(franchise system) 시대가 열리게 되었다. 1985년에 베스킨라빈스에 의한 아이스크림 전문점이 등장하며, 1988년에 미도파가 국내 최초의 해외 외식브랜드인 패밀리 레스토랑 코코스를 도입하였다. 그 후 1986년에 아시안게임과 1988년에 서울올림픽을 전후로 외식산업은 많은 성장으로 하나의 산업으로 자리를 잡게 된다.

국내 경제의 발전으로 식생활에서도 고급화와 다양화에 대한 욕구 증대되며, 해외 외식브랜드 도입과 프랜차이즈 시스템이 확대되며, 롯데(롯데리아)를 비롯하여 미도파(코코스), 두산(KFC, 버거킹) 등의 대기업이 외식산업에 진출하게 되었다.

국내업체로는 1980년 후반에 놀부, 송가네, 초막집 등이 프랜차이즈 시스템에 의해 한국 고유의 음식인 보쌈, 족발 등의 메뉴를 상품화 하게 되었다.

외식산업은 1990년대에 들어 국민 소득이 향상됨에 따라 해외여행의 자유화와 함께 핵가족화 및 맞벌이 부부가 증가와 가족단위 외식 증가 이어졌다.

1990년대 말의 IMF 이후 패스트푸드 및 패밀리레스토랑의 경영상황 악화, 실직으로 인한 창업이 증가하여 중소형 프랜차이즈 가맹점포 급증, 포장(take-out) 및 배달형태의 점포가 생겨나며, IMF를 이기고 성장한 패밀리레스토랑은 양적 증가와 함께 서울 위주에서 벗어나 지방으로 진출을 시도 경쟁의 가속화.

2000년대들어 광우병 파동, 조류독감, 구제역 등으로 어려움을 겪었으며,

웰빙, LOHAS 등에 관심이 집중되고 있으며, 편이성 추구로 가정식대용(homemeal raplacement : HMR)애 대한 관심이 증대, 포장판매(take-out)전문점이 활발하게 운영되며, 한식의 세계화라는 슬로건으로 해외진출을 도모하고 있다.

표 4-3. 외식산업의 역사

구분	성장단계	외식산업의 동향	비고(GDP)
1950년대 까지	음식업 태동기	▷ 가내 주도형 식생활 ▷ 주막, 주식점 등 전통 음식점 형태의 태동 ▷ 식량자원 부족으로 인한 침체(1945년 166 점포) ▷ 주요업체: 이문 설렁탕(1907), 용금옥('30), 금보 추어탕('30), 한일관('34), 조선옥('37), 안동장('40), 고려당('45), 남포면옥('48), 하동관('48) 등	
1960년대	음식업의 침체기 및 여명기	▷ 식생활의 궁핍(6.25 전쟁 이후) ▷ 밀가루 위주의 분식확산(미국 원조) ▷ 식생활 개선문제 부상 ▷ 일부 서구 음식문화 들어옴, 뉴욕제과('67) ▷ 개인업소 및 노상 상인 대량출현	$100 ~ 210
1970년대	음식산업의 태동기(발전기)	▷ 분식 및 대중음식점이 많이 출현(한식, 중식 위주) ▷ 경제개발계획의 성공에 따른 식생활의 개선경 ▷ 해외 브랜드 도입 및 프랜차이즈의 태동 ▷ 난다랑('79): 국내 프랜차이즈의 효시, 가나안제과('76), 롯데리아('79.10): 서구식 외식 시스템의 효시 및 시발점	$248 ~ 1,644

1980년 대 上	외식산업 도입 적응기	▷ 외식 산업의 태동기(음식업, 요식업→외식 산업) ▷ 패스트푸드 중심, 영세업체의 난립, 프랜차이즈 속출(햄버거, 국수, 치킨, 생맥주) ▷ 해외브랜드 도입러시, 서구식 식문화 유입 및 확산 ▷ 아메리카나('80), 웬첼('82), 다림방('82), 짱구짱구('82), 웬디스('84), 피자헛('84), KFC('84), 장터국수('84), 신라명과('84), 하이델베르크('84), 투모로우 타이거('84) ▷ 매출액: 2.6조원('82)	$1,592 ~ 2,158
1980년 대 下	외식산업의 적응성장기	▷ 외식산업의 적응성장기(중소기업, 영세업체난립) ▷ 식생활의 외식화, 레저화, 가공식품화 추서 ▷ 패스트푸드 및 프랜차이즈 중심이 시장선도 ▷ 프랜차이즈의 확대 · 업체난립, 한식 체인의 출현 ▷ 패밀리 레스토랑, 원두커피, 호프점, 베이커리, 국수, 양념치킨 등 약진 ▷ 맥도날드('86), 피자인('88), 코코스('88), 도트루('89), 쟈뎅('89), 나이스데이('89), 크라운 베이커리('88), 베스킨라빈스31('86), 만리장성('86) ▷ 매출액: 6.5조원('88)	$2,194 ~ 4,127
1990년대 上	외식산업의 성장기	▷ 외식산업으로 정착을 위한 전환기('95) ▷ 증대기업의 신규진출 및 유명 브랜드 도입 ▷ 프랜차이즈의 급성장 및 시스템의 출현 ▷ 패밀리레스토랑의 외식산업 주도, 외식근대화 ▷ 해외진출 ▷ 주요업체: 나이스데이(캐주얼), 시즐러(패밀리), 스카이락, TGIF, 베니건스 등 외식기업 도입 ▷ 매출액: 약 15조원('92)	$6,306 ~ 11,782 $6,306('90) $11,782('95)
1990년대 下	외식산업의 성장기	▷ IMF 경제침체 ▷ 소규모 창업, 실직자들의 생계수단, 고용창출 ▷ 침체기에도 꾸준한 성장을 이룸 ▷ 다양한 형태의 소비패턴에 따른 점포의 변화 ▷ 매출액: 약	$7,738 ~1 2,581 $12,581('96) $ 7,738('98) $ 9,901('99)

2000년대	외식산업의 성숙기(?)	▷ 웰빙문화로 인한 패스트푸드의 변화 ▷ 광우병 파동으로 일부 산업 심각한 타격 ▷ 조류독감으로 치킨업계 일시적인 위기 ▷ 구제역 파동으로 일부 산업 심각한 타격 ▷ 꾸준한 발전으로 거대산업으로 발전 ▷ 매출액: 약60조원('08)	$11,350 ~ 21,655 $11,350('00) $21,655('07) $17,085('09)

출처 : 매일경제신문사, naver.com 등 자료로부터 재구성

2. 미국 외식산업의 역사

초기는 마차 등을 이용한 여행자들이 숙식을 제공하는 형태로 시작되었으며, 점차 철도망이 갖추어짐에 따라 역 주변에 호텔들이 건설되고 이와 함께 레스토랑이 생기기 시작하게 되었다.

외식산업 관련한 주요 예를 살펴보면 다음과 같다.

최초의 커피하우스(coffee house)가 1670년 보스턴에 등장하였으며, 1827년에 델모니코(Del-Monico)사는 메뉴를 품목별로 영어와 프랑스어로 표기하고 피로연이나 파티를 열었다. 1876년에 오늘날의 다점포 레스토랑의 시발점으로 볼 수 있는 사업으로는 프레드 하베이(Fred Harvey)가 캔사스의 토페카역, 애치슨역, 산타페역에 레스토랑을 개점한 것으로 볼 수 있다. 1919년에 로이 알렌(Roy Allem)과 프랭크 라이트(Frank Wright)가 캘리포니아에서 A&W 상호로 루트 비어(root beer)를 판매하게 되었다. 1921년에 최초의 드라이브 인 레스토랑인 피그 스탠드(Pig Stand)가 달라스에 세워졌다. 1926년에 톰슨(John R. Thomson)은 중앙조리(central kitchen)방식의 도입과 레스토랑을 셀프서비스 방식으로 운영하여 인건비 절감과 메뉴 가격의 저렴화를 시도하였다.

1930년대에 들어 외식산업이 본격적으로 산업화되기 시작되며, 대도시 교외의 도로 주변에 커피하우스와 레스토랑이 폭발적으로 늘어났다. 그리고 제2차 세계대전 후에는 외식산업이 급속도로 발전하였으며, 1948년에는 맥도날드 형제(Tom & Maurice McDonald)가 캘리포니아주에 드라이브 인 햄버거점을 개점하였으며, 패스트푸드가 등장하게 되었다.

1950년대 이후 경제수준이 높아지면서 외식을 여가생활의 수단으로 즐기기 시작하게 되었다. 패스트푸드가 저렴한 가격, 빠른 서비스와 포장판매(take-out) 등으로 인기를 얻으며, KFC(1952년), 피자헛(Pizza Hut, 1953년), 버거킹(Burger King's, 1954년), 웬디스(Wendy's, 1959년) 등이 잇달아 개점하면서 본격적인 패스트푸드 시대가 열리게 되었다. 이 시기에 많은 근로자들이 공장, 사무실, 기타 상업지역 등에서 식사를 하게 되고 대중적이고 저렴한 커피하우스와 레스토랑이 생겨났다. 자동판매기(vendilng machine)뿐만 아니라 외식산업 전반에 냉장고, 믹서기, 자동식기세척기 등 많은 자동주방기기 등장하게 되었다.

1960년대 프랜차이즈 시스템의 도입으로 다점포경영이 확립된 시기이다. 즉 타코벨(Tavo Bell), 아비스(Arby's), 롱존 실버(Long John Silver), 레드 랍스터(Red Lobster) 등이 탄생하였다.

1970년대는 치열한 경쟁 속에서 타 기억과 차별화된 마케팅전략을 모색. 외식산업의 최대 호황기로서 프랜차이즈 가맹점이 많아지면서 가맹사업자(franchisor)와 가맹계약자(franchisee)간의 분쟁이나 소송이 빈번해짐에 따라 1979년 미연방 통상위원회(Federal Trade Commission : FTC)에서 승인된 프랜차이즈 관련법이 시행되게 되었다.

1980년대의 미국의 외식산업은 포화상태가 된 입지문제와 시장성장률의 둔화 등으로 경쟁이 심화된 상태이며, 외식기업의 자본 집약화 및 선진화된 경영시스템을 토대로 세계시장으로의 활발한 진출을 도모하게 되었다.

1990년대는 베이비붐 세대들이 중장년층이 되면서 직장생활을 하는 여성, 맞벌이 부부 및 활동적인 노인인구가 증가된 시기로 외식산업에 대한 요구가 다양해졌다.

표 4-4. 미국 외식산업의 역사

구분	성장단계	외식산업의 동향	비고(GDP)
1800년대		▷ 외식산업의 태동 ▷ 셀프서비스제 및 센트럴 키친 도입('93)	
1900년대	태동기	▷ 실질적인 외식 산업의 태동(1920) ▷ 급식 사업 개시	
1930년대	외식 비즈니스 제2기 (요식업-외식산업)	▷ 생산자 지향 및 외식 산업시스템 출현	$440
1940년대	(발전기)	▷ 기내식, 군대식 개시 ▷ 개인판매 지향 및 부분적인 합리화	$770
1950년대	외식 비즈니스 제3기 (도약기)	▷ 개인판매 지향에서 대량판매지향 ▷ 외식산업의 공업화, Take-out태동 ▷ KFC('52), 데니스('53), 버거킹('54), 맥도날드('55), 피자헛('58)	$1,870
1960년대	외식 비즈니스 제4기 (성장기)	▷ 프랜차이즈 급성장 및 외식전부를 시스템화 ▷ 상장기업 속출, 대기업에서 매수, 다점포 전개, 외식의 기업화 대형화 ▷ 미스터스테이크('62), 아비스('64), 소니('68), 웬디스('69)	$4,109('67) $4,756('69)
1970년대	외식 비즈니스 제5기 (성숙기)	▷ 신컨셉, 신업태 발생, 리조트, 해외진출 ▷ 2회에 걸친 오일쇼크로 대변혁, 건강, 미용, 저칼로리를 추구 ▷ 프랜차이지의 직영화, Drive through유형, Down town진출	$4,952('70) $7,401('75) $11,145('79)
1980년대	외식 비즈니스 제6기 (저성장, 성숙기)	▷ 신업태, 신감각형 외식 가속화(Fashion-able) ▷ 소비자 대응의 소프트화 및 고감도화 추세 ▷ 내식과 외식의 경쟁가열 및 동남아진출 ▷ 외식의 국제화 다양화, 기업매수 합병 ▷ 세계적인 다국적기업탄생, 계열화, 민속 민족요리 태동 ▷ '86년 외식산업 매출2500억 달러 달성	$11,996('80) $16,941('85) $22,193('89)
1990년대		▷ 가치 및 자기만족적인 성향 ▷ 창의적인 아이디어 가미한 고감성 외식 출현	$23,217('90) $27,542('95) $32,994('99)
2000년대		▷ 웰빙의 전세계화 및 안티 패스트푸드 세력성장 ▷ 외식산업의 디지털화 및 초 다변화	$34,571('01) $41,674('05) $45,307('09)

출처 : 매일경제신문사, naver.com, 통계청 등 자료로부터 재구성

DISCUSSION TIME

Q&D) 용어에 대해 토론해 봅시다.

GDP ? :

PPP ? :

부가가치 ? :

기타 ? :

H)

- GDP(국내총생산, gross domestic product)

GDP(국내총생산)은 GNP(국민총생산)에서 해외로부터의 순소득을 뺀 것이며, 어느 한 나라의 순전한 국내경제활동의 지표로 쓰여진다.

한 나라 안에서, 가계 · 기업 · 정부 등 모든 경제 주체가 생산활동에 참여해 벌어들인 부가가치를 모두 합한 금액이며, 인구수로 나눈 값이 1인당. GDP이다. 일반적으로 다른 나라와 비교할 수 있도록 미국 달러로 나타낸다.

영국, 독일 등 GNP 가운데 해외에서의 순소득이 많이 차지하는 나라에서 국내경제활동의 동향을 조사하려면 GNP보다도 GDP를 사용하는 것이 적당하다. 우리나라에서도 1995년 4/4분기부터 국가경제규모를 나타내는 지표로서 GNP대신 GDP를 사용하고 있다.

- 구매력 기준(PPP, Purchasing Power Parity) 1인당 GDP

국가별 GDP(국내총생산) 값은 단순한 값으로서 나라별 물가가 다르므로 실제 상품 또는 서비스를 구매할 수 있는 금액으로 환산한 값이 요구된다. 이와 같이 1인당 GDP가 실제 그 나라에서 어느 정도 구매력을 갖고 있는지 물가 수준을 감안한 지표이다.

3. 외식산업의 트렌드

음식은 우리가 살아가는데 필요로 하는 것 중에서도 가장 중요한 것임에 대부분이 공감할 것이다. 또한 음식과 관련한 식문화도 매우 중요하다. 최근의 음식 소비에서 나타나는 트렌드를 살펴보면 다음과 같다.

첫째로 여성의 사회참여뿐만 아니라 주도적 소비주체로 여성 주도적 현상과, 둘째로 편의식품, take-out, 배달음식 등으로 편리함을 지향, 셋째로 건강지향 경향으로 식이요법과 식물성 음식 섭취 증가, 기능성 식품 이용증가, 비만 등에 따른 저 칼로리, 저지방 식품 선호, 슬로푸드(Slow-food), 단순하고, 인공적이 아닌 자연적 식품 그리고 신선한 식품을 선호하는 경향, 넷째로 세계화 등의 영향으로 민족고유음식을 접할 기회가 늘어나고 있으며, 다섯째로 즐거움 지향, 합리적 소비, 고급화 경향도 나타나고 있다.

이외에도 인간의 감각을 감지할 수 있는 센서기술의 발달과 함께 스마트폰 등 모바일 기술의 발달과 함께 음식분야에서도 고객의 니즈를 좀 더 잘 파악할 수 있는 기반이 갖추어진다면 상당한 변화를 동반할 것으로 생각된다. 그리고 일본의 마고꼬로벤또 회사는 고령자만을 대상으로 하는 도시락 배달 사업을 하고 있으며, 실버세대 인구증가로 새로운 사업의 가능성을 보여주는 예로 볼 수 있다.

Basic science for cooking

조리기초과학

3장.

외식 위생관리

우리들이 먹고 마시는 모든 것에 대한 위생관리는 매우 중요할 뿐만 아니라 철저히 관리되어야 한다. 더구나 많은 소비자를 대상으로 하는 경우에는 위생의 문제로 인한 많은 사람들에게 위해를 줄 수 있으므로 더욱 신경과 노력이 필요하다. 그러므로 위생관리 전반에 대해 알아본다.

우리나라에서의 식품에 대한 정의로는 식품위생법에서 사람이 아플 때에 먹는 의약품을 제외한 먹고 마시는 모든 것으로 정의되어 있다. 그리고 식품에 대한 정의는 국가별로 약간의 차이점은 있으나 인간이 먹고 마실 수 있는 모든 것에는 이견이 없는 실정이다.

인간이 먹고 마시는 안전한 식품을 위해 위생은 다음과 같다. WHO(World Health Organization, 세계보건기구)의 환경위생전문위원회는 "식품의 재배, 생산, 제조로부터 최종적인 소비에 이르는 모든 단계에서 식품의 안전성, 완전성 및 건전성을 확보하기 위하여 필요한 수단과 방법으로 정의하였다.

위생관리의 목적은 주방에서 다양한 식용 가능한 식품을 취급하여 음식상품을 고객에게 직접 제공하는 과정에서 일어날 수 있는 식품 위생상의 위해를 방지하고, 고객의 정신적, 신체적 안전과 쾌적한 식생활 공간을 보장하기 위함이다. 식품접객업소는 많은 사람을 대상으로 조리 · 판매하기 때문에 위생관리를 소홀히 하게 되면 경구 전염병이나 식중독으로 건강을 해치는 경우가 있어 위험을 사전에 예방하고 위생적으로 안전한 음식을 제공할 수 있는 철저한 위생관리 체계가 요구된다. 따라서 안전하지 못한 공급원으로부터 구입한 식 재료의 사용, 적절한 식품보관 온도, 오염된 조리기기와 기구의 사용, 개인위생불량, 감염자에 의한 식품취급 등에 신중을 기하여야 한다.

「식품위생법」, 「학교급식법」, 「국민건강증진법」, 「국민영양관

리법」 과 그 시행령 및 시행규칙

1. 식품위생관계 법령

1) 식품위생법[시행 2018.4.19.] [법률 제14835호, 2017.4.18., 일부개정]

제1조(목적) 이 법은 식품으로 인하여 생기는 위생상의 위해(危害)를 방지하고 식품영양의 질적 향상을 도모하며 식품에 관한 올바른 정보를 제공하여 국민보건의 증진에 이바지함을 목적으로 한다.

제2조(정의) 이 법에서 사용하는 용어의 뜻은 다음과 같다. 〈개정 2011.6.7., 2013.5.22., 2013.7.30., 2015.2.3., 2016.2.3., 2017.4.18.〉

1. “식품”이란 모든 음식물(의약으로 섭취하는 것은 제외한다)을 말한다.
2. “식품첨가물”이란 식품을 제조 · 가공 또는 보존하는 과정에서 식품에 넣거나 섞는 물질 또는 식품을 적시는 등에 사용되는 물질을 말한다. 이 경우 기구(器具) · 용기 · 포장을 살균 · 소독하는 데에 사용되어 간접적으로 식품으로 옮아갈 수 있는 물질을 포함한다.
3. “화학적 합성품”이란 화학적 수단으로 원소(元素) 또는 화합물에 분해 반응 외의 화학 반응을 일으켜서 얻은 물질을 말한다.
4. “기구”란 다음 각 목의 어느 하나에 해당하는 것으로서 식품 또는 식품첨가물에 직접 닿는 기계 · 기구나 그 밖의 물건(농업과 수산업에서 식품을 채취하는 데에 쓰는 기계 · 기구나 그 밖의 물건은 제외한다)을 말한다.

가. 음식을 먹을 때 사용하거나 담는 것

나. 식품 또는 식품첨가물을 채취 · 제조 · 가공 · 조리 · 저장 · 소분[(小分): 완제품을 나누어 유통을 목적으로 재포장하는 것을 말한다. 이하 같다] · 운반 · 진열할 때 사용하는 것

5. “용기 · 포장”이란 식품 또는 식품첨가물을 넣거나 싸는 것으로

서 식품 또는 식품첨가물을 주고받을 때 함께 건네는 물품을 말한다.

6. "위해"란 식품, 식품첨가물, 기구 또는 용기 · 포장에 존재하는 위험요소로서 인체의 건강을 해치거나 해칠 우려가 있는 것을 말한다.
7. "표시"란 식품, 식품첨가물, 기구 또는 용기 · 포장에 적는 문자, 숫자 또는 도형을 말한다.
8. "영양표시"란 식품에 들어있는 영양소의 양(量) 등 영양에 관한 정보를 표시하는 것을 말한다.
9. "영업"이란 식품 또는 식품첨가물을 채취 · 제조 · 수입 · 가공 · 조리 · 저장 · 소분 · 운반 또는 판매하거나 기구 또는 용기 · 포장을 제조 · 수입 · 운반 · 판매하는 업(농업과 수산업에 속하는 식품 채취업은 제외한다)을 말한다.
10. "영업자"란 제37조제1항에 따라 영업허가를 받은 자나 같은 조 제4항에 따라 영업신고를 한 자 또는 같은 조 제5항에 따라 영업등록을 한 자를 말한다.
11. "식품위생"이란 식품, 식품첨가물, 기구 또는 용기 · 포장을 대상으로 하는 음식에 관한 위생을 말한다.
12. "집단급식소"란 영리를 목적으로 하지 아니하면서 특정 다수인에게 계속하여 음식물을 공급하는 다음 각 목의 어느 하나에 해당하는 곳의 급식시설로서 대통령령으로 정하는 시설을 말한다.

 가. 기숙사

 나. 학교

 다. 병원

 라. 그 밖의 후생기관 등

13. "식품이력추적관리"란 식품을 제조 · 가공단계부터 판매단계까지 각 단계별로 정보를 기록 · 관리하여 그 식품의 안전성 등에 문제가 발생할 경우 그 식품을 추적하여 원인을 규명하고 필요한 조치를 할 수 있도록 관리하는 것을 말한다.
14. "식중독"이란 식품 섭취로 인하여 인체에 유해한 미생물 또는 유독물질에 의하여 발생하였거나 발생한 것으로 판단되는 감염성 질환 또는 독소형 질환을 말한다.

15. “집단급식소에서의 식단” 이란 급식대상 집단의 영양섭취기준에 따라 음식명, 식재료, 영양성분, 조리방법, 조리인력 등을 고려하여 작성한 급식계획서를 말한다.

제3조(식품 등의 취급) ① 누구든지 판매(판매 외의 불특정 다수인에 대한 제공을 포함한다. 이하 같다)를 목적으로 식품 또는 식품첨가물을 채취 · 제조 · 가공 · 사용 · 조리 · 저장 · 소분 · 운반 또는 진열을 할 때에는 깨끗하고 위생적으로 하여야 한다.

② 영업에 사용하는 기구 및 용기 · 포장은 깨끗하고 위생적으로 다루어야 한다.

③ 제1항 및 제2항에 따른 식품, 식품첨가물, 기구 또는 용기、포장(이하 "식품등"이라 한다)의 위생적인 취급에 관한 기준은 총리령으로 정한다. 〈개정 2010.1.18., 2013.3.23.〉

제51조(조리사) ①집단급식소 운영자와 대통령령으로 정하는 식품접객업자는 조리사(調理士)를 두어야 한다. 다만, 다음 각 호의 어느 하나에 해당하는 경우에는 조리사를 두지 아니하여도 된다. 〈개정 2011.6.7., 2013.5.22.〉

1. 집단급식소 운영자 또는 식품접객영업자 자신이 조리사로서 직접 음식물을 조리하는 경우
2. 1회 급식인원 100명 미만의 산업체인 경우
3. 제52조제1항에 따른 영양사가 조리사의 면허를 받은 경우

② 집단급식소에 근무하는 조리사는 다음 각 호의 직무를 수행한다. 〈신설 2011.6.7.〉

1. 집단급식소에서의 식단에 따른 조리업무[식재료의 전(前)처리에서부터 조리, 배식 등의 전 과정을 말한다]
2. 구매식품의 검수 지원
3. 급식설비 및 기구의 위생、안전 실무
4. 그 밖에 조리실무에 관한 사항

제52조(영양사) ①집단급식소 운영자는 영양사(營養士)를 두어야 한다. 다만, 다음 각 호의 어느 하나에 해당하는 경우에는 영양사를 두지 아니하여도 된다. 〈개정 2011.6.7., 2013.5.22.〉

1. 집단급식소 운영자 자신이 영양사로서 직접 영양 지도를 하는 경우
2. 1회 급식인원 100명 미만의 산업체인 경우
3. 제51조제1항에 따른 조리사가 영양사의 면허를 받은 경우

② 집단급식소에 근무하는 영양사는 다음 각 호의 직무를 수행한다. 〈신설 2011.6.7.〉

1. 집단급식소에서의 식단 작성, 검식(檢食) 및 배식관리
2. 구매식품의 검수(檢受) 및 관리
3. 급식시설의 위생적 관리
4. 집단급식소의 운영일지 작성
5. 종업원에 대한 영양 지도 및 식품위생교육

제53조(조리사의 면허) ① 조리사가 되려는 자는 「국가기술자격법」에 따라 해당 기능분야의 자격을 얻은 후 특별자치시장·특별자치도지사·시장·군수·구청장의 면허를 받아야 한다. 〈개정 2016.2.3.〉

② 제1항에 따른 조리사의 면허 등에 관하여 필요한 사항은 총리령으로 정한다. 〈개정 2010.3.26., 2013.3.23.〉

2) 국민건강증진법[시행 2017.6.3.] [법률 제14318호, 2016.12.2., 일부개정]

제1조(목적) 이 법은 국민에게 건강에 대한 가치와 책임의식을 함양하도록 건강에 관한 바른 지식을 보급하고 스스로 건강생활을 실천할 수 있는 여건을 조성함으로써 국민의 건강을 증진함을 목적으로 한다.

제2조(정의) 이 법에서 사용하는 용어의 정의는 다음과 같다. 〈개정 2016.3.2.〉

1. "국민건강증진사업"이라 함은 보건교육, 질병예방, 영양개선, 건강관리 및 건강생활의 실천등을 통하여 국민의 건강을 증진시키는 사업

을 말한다.

2. "보건교육"이라 함은 개인 또는 집단으로 하여금 건강에 유익한 행위를 자발적으로 수행하도록 하는 교육을 말한다.
3. "영양개선"이라 함은 개인 또는 집단이 균형된 식생활을 통하여 건강을 개선시키는 것을 말한다.
4. "건강관리"란 개인 또는 집단이 건강에 유익한 행위를 지속적으로 수행함으로써 건강한 상태를 유지하는 것을 말한다.

제3조(책임) ①국가 및 지방자치단체는 건강에 관한 국민의 관심을 높이고 국민건강을 증진할 책임을 진다.

②모든 국민은 자신 및 가족의 건강을 증진하도록 노력하여야 하며, 타인의 건강에 해를 끼치는 행위를 하여서는 아니된다.

제3조의2(보건의 날) ① 보건에 대한 국민의 이해와 관심을 높이기 위하여 매년 4월 7일을 보건의 날로 정하며, 보건의 날부터 1주간을 건강주간으로 한다.

② 국가와 지방자치단체는 보건의 날의 취지에 맞는 행사 등 사업을 시행하도록 노력하여야 한다.

[본조신설 2014.1.28.]

제4조(국민건강증진종합계획의 수립) ①보건복지부장관은 제5조의 규정에 따른 국민건강증진정책심의위원회의 심의를 거쳐 국민건강증진종합계획(이하 "종합계획"이라 한다)을 5년마다 수립하여야 한다. 이 경우 미리 관계중앙행정기관의 장과 협의를 거쳐야 한다. 〈개정 2008.2.29., 2010.1.18.〉

② 종합계획에 포함되어야 할 사항은 다음과 같다. 〈개정 2014.3.18.〉

1. 국민건강증진의 기본목표 및 추진방향
2. 국민건강증진을 위한 주요 추진과제 및 추진방법
3. 국민건강증진에 관한 인력의 관리 및 소요재원의 조달방안
4. 제22조의 규정에 따른 국민건강증진기금의 운용방안

4의 2. 아동 · 여성 · 노인 · 장애인 등 건강취약 집단이나 계층에 대한 건강증진 지원방안

5. 국민건강증진 관련 통계 및 정보의 관리 방안

6. 그 밖에 국민건강증진을 위하여 필요한 사항

[전문개정 2006.9.27.]

제4조의2(실행계획의 수립 등) ①보건복지부장관, 관계중앙행정기관의 장, 특별시장 · 광역시장 · 도지사(이하 "시 · 도지사"라 한다) 및 시장 · 군수 · 구청장(자치구의 구청장에 한한다. 이하 같다)은 종합계획을 기초로 하여 소관 주요시책의 실행계획(이하 "실행계획"이라 한다)을 매년 수립 · 시행하여야 한다. 〈개정 2008.2.29., 2010.1.18.〉

② 국가는 실행계획의 시행에 필요한 비용의 전부 또는 일부를 지방자치단체에 보조할 수 있다.

[본조신설 2006.9.27.]

제4조의3(계획수립의 협조) ① 보건복지부장관, 관계중앙행정기관의 장, 시 · 도지사 및 시장 · 군수 · 구청장은 종합계획과 실행계획의 수립 · 시행을 위하여 필요한 때에는 관계 기관 · 단체 등에 대하여 자료 제공 등의 협조를 요청할 수 있다. 〈개정 2008.2.29., 2010.1.18.〉

② 제1항의 규정에 따른 협조요청을 받은 관계 기관 · 단체 등은 특별한 사유가 없는 한 이에 응하여야 한다.

[본조신설 2006.9.27.]

3) 국민영양관리법[시행 2015.12.29.] [법률 제13643호, 2015.12.29., 일부개정]

제1조(목적) 이 법은 국민의 식생활에 대한 과학적인 조사 · 연구를 바탕으로 체계적인 국가영양정책을 수립 · 시행함으로써 국민의 영양 및 건강증진을 도모하고 삶의 질 향상에 이바지하는 것을 목적으로 한다.

제2조(정의) 이 법에서 사용하는 용어의 정의는 다음과 같다.

1. “식생활” 이란 식문화, 식습관, 식품의 선택 및 소비 등 식품의 섭

취와 관련된 모든 양식화된 행위를 말한다.

2. "영양관리" 란 적절한 영양의 공급과 올바른 식생활 개선을 통하여 국민이 질병을 예방하고 건강한 상태를 유지하도록 하는 것을 말한다.
3. "영양관리사업" 이란 국민의 영양관리를 위하여 생애주기 등 영양관리 특성을 고려하여 실시하는 교육 · 상담 등의 사업을 말한다.

제3조(국가 및 지방자치단체의 의무) ① 국가 및 지방자치단체는 올바른 식생활 및 영양관리에 관한 정보를 국민에게 제공하여야 한다.

② 국가 및 지방자치단체는 국민의 영양관리를 위하여 필요한 대책을 수립하고 시행하여야 한다.

③ 지방자치단체는 영양관리사업을 시행하기 위한 공무원을 둘 수 있다.

제4조(영양사 등의 책임) ① 영양사는 지속적으로 영양지식과 기술의 습득으로 전문능력을 향상시켜 국민영양개선 및 건강증진을 위하여 노력하여야 한다.

② 식품 · 영양 및 식생활 관련 단체와 그 종사자, 영양관리사업 참여자는 자발적 참여와 연대를 통하여 국민의 건강증진을 위하여 노력하여야 한다.

제5조(국민의 권리 등) ① 누구든지 영양관리사업을 통하여 건강을 증진할 권리를 가지며 성별, 연령, 종교, 사회적 신분 또는 경제적 사정 등을 이유로 이에 대한 권리를 침해받지 아니한다.

② 모든 국민은 올바른 영양관리를 통하여 자신과 가족의 건강을 보호 · 증진하기 위하여 노력하여야 한다.

제6조(다른 법률과의 관계) 국민의 영양관리에 대하여 다른 법률에 특별한 규정이 있는 경우를 제외하고는 이 법에서 정하는 바에 따른다.

제3장 영양관리사업

제10조(영양 · 식생활 교육사업) ① 국가 및 지방자치단체는 국민의 건강을 위하여 영양 · 식생활 교육을 실시하여야 하며 영양 · 식생활 교육에 필요한 프로그램 및 자료를 개발하여 보급하여야 한다.

② 제1항에 따른 영양 · 식생활 교육의 대상 · 내용 · 방법 등에 필요한 사항은 보건복지부령으로 정한다.

제11조(영양취약계층 등의 영양관리사업) 국가 및 지방자치단체는 다음 각 호의 영양관리사업을 실시할 수 있다. 〈개정 2011.6.7〉

1. 영유아, 임산부, 아동, 노인, 노숙인 및 사회복지시설 수용자 등 영양취약계층을 위한 영양관리사업
2. 어린이집, 유치원, 학교, 집단급식소, 의료기관 및 사회복지시설 등 시설 및 단체에 대한 영양관리사업
3. 생활습관질병 등 질병예방을 위한 영양관리사업

제12조(통계 · 정보) ① 보건복지부장관은 영양정책 및 영양관리사업 등에 활용할 수 있도록 식품 및 영양에 관한 통계 및 정보를 수집 · 관리하여야 한다.

② 보건복지부장관은 제1항에 따른 통계 및 정보를 수집 · 관리하기 위하여 필요한 경우 관련 기관 또는 단체에 자료를 요청할 수 있다.

③ 제2항에 따라 자료를 요청받은 기관 또는 단체는 이에 성실히 응하여야 한다.

제13조(영양관리를 위한 영양 및 식생활 조사) ① 국가 및 지방자치단체는 지역사회의 영양문제에 관한 연구를 위하여 다음 각 호의 조사를 실시할 수 있다.

1. 식품 및 영양소 섭취조사
2. 식생활 행태 조사
3. 영양상태 조사
4. 그 밖에 영양문제에 필요한 조사로서 대통령령으로 정하는 사항

② 보건복지부장관은 국민의 식품섭취 · 식생활 등에 관한 국민 영양 및 식생활 조사를 정기적으로 실시하여야 한다.

③ 제1항 및 제2항에 따른 조사 시기와 방법, 그 밖에 필요한 사항은 대통령령으로 정한다.

제14조(영양소 섭취기준 및 식생활 지침의 제정 및 보급) ① 보건복지부장관은 국민건강증진에 필요한 영양소 섭취기준을 제정하고 정기적으로 개정하여 학계 · 산업계 및 관련 기관 등에 체계적으로 보급하여야 한다.

② 보건복지부장관은 국민건강증진과 삶의 질 향상을 위하여 질병별 · 생애주기별 특성 등을 고려한 식생활 지침을 제정하고 정기적으로 개정 · 보급하여야 한다.

③ 제1항에 따른 영양소 섭취기준 및 제2항에 따른 식생활 지침의 주요 내용 및 발간 주기 등 세부적인 사항은 보건복지부령으로 정한다.

제4장 영양사의 면허 및 교육 등

제15조(영양사의 면허) ① 영양사가 되고자 하는 사람은 다음 각 호의 어느 하나에 해당하는 사람으로서 영양사 국가시험에 합격한 후 보건복지부장관의 면허를 받아야 한다. 〈개정 2015.12.29.〉

1. 「고등교육법」에 따른 대학, 산업대학, 전문대학 또는 방송통신대학에서 식품학 또는 영양학을 전공한 자로서 교과목 및 학점이수 등에 관하여 보건복지부령으로 정하는 요건을 갖춘 사람
2. 외국에서 영양사면허를 받은 사람
3. 외국의 영양사 양성학교 중 보건복지부장관이 인정하는 학교를 졸업한 사람

② 보건복지부장관은 제1항에 따른 국가시험의 관리를 보건복지부령으로 정하는 바에 따라 시험 관리능력이 있다고 인정되는 관계 전문기관에 위탁할 수 있다.

③ 영양사 면허와 국가시험 등에 필요한 사항은 보건복지부령으로 정한다.

제16조(결격사유) 다음 각 호의 어느 하나에 해당하는 사람은 영양사의 면허를 받을 수 없다.

1. 「정신보건법」 제3조제1호에 따른 정신질환자. 다만, 전문의가 영양사로서 적합하다고 인정하는 사람은 그러하지 아니하다.
2. 「감염병의 예방 및 관리에 관한 법률」 제2조제13호에 따른 감염병 환자 중 보건복지부령으로 정하는 사람
3. 마약 · 대마 또는 향정신성의약품 중독자
4. 영양사 면허의 취소처분을 받고 그 취소된 날부터 1년이 지나지 아니한 사람

제17조(영양사의 업무) 영양사는 다음 각 호의 업무를 수행한다.

1. 건강증진 및 환자를 위한 영양 · 식생활 교육 및 상담
2. 식품영양정보의 제공
3. 식단작성, 검식(檢食) 및 배식관리
4. 구매식품의 검수 및 관리
5. 급식시설의 위생적 관리
6. 집단급식소의 운영일지 작성
7. 종업원에 대한 영양지도 및 위생교육

제18조(면허의 등록) ① 보건복지부장관은 영양사의 면허를 부여할 때에는 영양사 면허대장에 그 면허에 관한 사항을 등록하고 면허증을 교부하여야 한다.

② 영양사는 면허증을 다른 사람에게 대여하지 못한다.

③ 제1항에 따른 면허의 등록 및 면허증의 교부 등에 관하여 필요한 사항은 보건복지부령으로 정한다.

4) 학교급식법[시행 2013.11.23.] [법률 제11771호, 2013.5.22., 일부개정]

제1조(목적) 이 법은 학교급식 등에 관한 사항을 규정함으로써 학교급

식의 질을 향상시키고 학생의 건전한 심신의 발달과 국민 식생활 개선에 기여함을 목적으로 한다.

제2조(정의) 이 법에서 사용하는 용어의 정의는 다음과 같다.

1. "학교급식"이라 함은 제1조의 목적을 달성하기 위하여 제4조의 규정에 따른 학교 또는 학급의 학생을 대상으로 학교의 장이 실시하는 급식을 말한다.
2. "학교급식공급업자"라 함은 제15조의 규정에 따라 학교의 장과 계약에 의하여 학교급식에 관한 업무를 위탁받아 행하는 자를 말한다.
3. "급식에 관한 경비"라 함은 학교급식을 위한 식품비, 급식운영비 및 급식시설ㆍ설비비를 말한다.

제3조(국가ㆍ지방자치단체의 임무) ①국가와 지방자치단체는 양질의 학교급식이 안전하게 제공될 수 있도록 행정적ㆍ재정적으로 지원하여야 하며, 영양교육을 통한 학생의 올바른 식생활 관리능력 배양과 전통 식문화의 계승ㆍ발전을 위하여 필요한 시책을 강구하여야 한다.

②특별시ㆍ광역시ㆍ도ㆍ특별자치도의 교육감(이하 "교육감"이라 한다)은 매년 학교급식에 관한 계획을 수립ㆍ시행하여야 한다.

제4조(학교급식 대상) 학교급식은 대통령령이 정하는 바에 따라 다음 각 호의 어느 하나에 해당하는 학교 또는 학급에 재학하는 학생을 대상으로 실시한다. 〈개정 2012.3.21.〉

1. 「초ㆍ중등교육법」 제2조제1호부터 제4호까지의 어느 하나에 해당하는 학교
2. 「초ㆍ중등교육법」 제52조의 규정에 따른 근로청소년을 위한 특별학급 및 산업체부설 중ㆍ고등학교
3. 그 밖에 교육감이 필요하다고 인정하는 학교

제5조(학교급식위원회 등) ①교육감은 학교급식에 관한 다음 각 호의 사항을 심의하기 위하여 그 소속하에 학교급식위원회를 둔다.

1. 제3조제2항의 규정에 따른 학교급식에 관한 계획

2. 제9조의 규정에 따른 급식에 관한 경비의 지원

3. 그 밖에 학교급식의 운영 및 지원에 관한 사항으로서 교육감이 필요하다고 인정하는 사항

② 제1항의 규정에 따른 학교급식위원회의 구성 · 운영 등에 관하여 필요한 사항은 대통령령으로 정한다.

③ 특별시장 · 광역시장 · 도지사 · 특별자치도지사 및 시장 · 군수 · 자치구의 구청장은 제8조제4항의 규정에 따른 학교급식 지원에 관한 중요사항을 심의하기 위하여 그 소속하에 학교급식지원심의위원회를 둘 수 있다.

④ 특별자치도지사 · 시장 · 군수 · 자치구의 구청장은 우수한 식자재 공급 등 학교급식을 지원하기 위하여 그 소속하에 학교급식지원센터를 설치 · 운영할 수 있다.

⑤ 제3항의 규정에 따른 학교급식지원심의위원회의 구성 · 운영과 제4항의 규정에 따른 학교급식지원센터의 설치 · 운영에 관하여 필요한 사항은 해당지방자치단체의 조례로 정한다.

제2장 학교급식 시설 、설비 기준 등

제6조(급식시설 · 설비) ①학교급식을 실시할 학교는 학교급식을 위하여 필요한 시설과 설비를 갖추어야 한다. 다만, 2이상의 학교가 인접하여 있는 경우에는 학교급식을 위한 시설과 설비를 공동으로 할 수 있다.

② 제1항의 규정에 따른 시설 · 설비의 종류와 기준은 대통령령으로 정한다.

제7조(영양교사의 배치 등) ①제6조의 규정에 따라 학교급식을 위한 시설과 설비를 갖춘 학교는 「초 · 중등교육법」 제21조제2항의 규정에 따른 영양교사와 「식품위생법」 제53조제1항에 따른 조리사를 둔다. 〈개정 2009.2.6.〉

② 교육감은 학교급식에 관한 업무를 전담하게 하기 위하여 그 소속하

에 학교급식에 관한 전문지식이 있는 직원을 둘 수 있다.

제8조(경비부담 등) ① 학교급식의 실시에 필요한 급식시설 · 설비비는 당해 학교의 설립 · 경영자가 부담하되, 국가 또는 지방자치단체가 지원할 수 있다.

② 급식운영비는 당해 학교의 설립 · 경영자가 부담하는 것을 원칙으로 하되, 대통령령이 정하는 바에 따라 보호자(친권자, 후견인 그 밖에 법률에 따라 학생을 부양할 의무가 있는 자를 말한다. 이하 같다)가 그 경비의 일부를 부담할 수 있다.

③ 학교급식을 위한 식품비는 보호자가 부담하는 것을 원칙으로 한다.

④ 특별시장 · 광역시장 · 도지사 · 특별자치도지사 및 시장 · 군수 · 자치구의 구청장은 학교급식에 품질이 우수한 농산물 사용 등 급식의 질 향상과 급식시설 · 설비의 확충을 위하여 식품비 및 시설 · 설비비 등 급식에 관한 경비를 지원할 수 있다.

제9조(급식에 관한 경비의 지원) ①국가 또는 지방자치단체는 제8조의 규정에 따라 보호자가 부담할 경비의 전부 또는 일부를 지원할 수 있다.

②제1항의 규정에 따라 보호자가 부담할 경비를 지원하는 경우에는 다음 각 호의 어느 하나에 해당하는 학생을 우선적으로 지원한다. 〈개정 2007.10.17., 2010.7.23.〉

1. 학생 또는 그 보호자가 「국민기초생활 보장법」 제2조의 규정에 따른 수급권자, 차상위계층에 속하는 자, 「한부모가족지원법」 제5조의 규정에 따른 보호대상자인 학생
2. 「도서 · 벽지 교육진흥법」 제2조의 규정에 따른 도서벽지에 있는 학교와 그에 준하는 지역으로서 대통령령이 정하는 지역의 학교에 재학하는 학생
3. 「농어업인 삶의 질 향상 및 농어촌지역 개발촉진에 관한 특별법」 제3조제4호에 따른 농어촌학교와 그에 준하는 지역으로서 대통령령이 정하는 지역의 학교에 재학하는 학생
4. 그 밖에 교육감이 필요하다고 인정하는 학생

제3장 학교급식 관리 · 운영

제10조(식재료) ①학교급식에는 품질이 우수하고 안전한 식재료를 사용하여야 한다.

②식재료의 품질관리기준 그 밖에 식재료에 관하여 필요한 사항은 교육부령으로 정한다. 〈개정 2008.2.29., 2013.3.23.〉

제11조(영양관리) ①학교급식은 학생의 발육과 건강에 필요한 영양을 충족할 수 있으며, 올바른 식생활습관 형성에 도움을 줄 수 있는 식품으로 구성되어야 한다.

②학교급식의 영양관리기준은 교육부령으로 정한다. 〈개정 2008.2.29., 2013.3.23.〉

제12조(위생 · 안전관리) ①학교급식은 식단작성, 식재료 구매 · 검수 · 보관 · 세척 · 조리, 운반, 배식, 급식기구 세척 및 소독 등 모든 과정에서 위해한 물질이 식품에 혼입되거나 식품이 오염되지 아니하도록 위생과 안전관리에 철저를 기하여야 한다.

②학교급식의 위생 · 안전관리기준은 교육부령으로 정한다. 〈개정 2008.2.29., 2013.3.23.〉

제13조(식생활 지도 등) 학교의 장은 올바른 식생활습관의 형성, 식량생산 및 소비에 관한 이해 증진 및 전통 식문화의 계승 · 발전을 위하여 학생에게 식생활 관련 지도를 하며, 보호자에게는 관련 정보를 제공한다.

제14조(영양상담) 학교의 장은 식생활에서 기인하는 영양불균형을 시정하고 질병을 사전에 예방하기 위하여 저체중 및 성장부진, 빈혈, 과체중 및 비만학생 등을 대상으로 영양상담과 필요한 지도를 실시한다.

제15조(학교급식의 운영방식) ①학교의 장은 학교급식을 직접 관리 · 운영하되, 「초 · 중등교육법」 제31조의 규정에 따른 학교운영위원회의 심의를 거쳐 일정한 요건을 갖춘 자에게 학교급식에 관한 업무를 위탁하

여 이를 행하게 할 수 있다. 다만, 식재료의 선정 및 구매 · 검수에 관한 업무는 학교급식 여건상 불가피한 경우를 제외하고는 위탁하지 아니한다.

② 제1항의 규정에 따라 의무교육기관에서 업무위탁을 하고자 하는 경우에는 미리 관할청의 승인을 얻어야 한다.

③ 제1항의 규정에 따른 학교급식에 관한 업무위탁의 범위, 학교급식공급업자가 갖추어야 할 요건 그 밖에 업무위탁에 관하여 필요한 사항은 대통령령으로 정한다.

제16조(품질 및 안전을 위한 준수사항) ①학교의 장과 그 학교의 학교급식 관련 업무를 담당하는 관계 교직원(이하 "학교급식관계교직원"이라 한다) 및 학교급식공급업자는 학교급식의 품질 및 안전을 위하여 다음 각 호의 어느 하나에 해당하는 식재료를 사용하여서는 아니된다. 〈개정 2007.4.11., 2009.6.9., 2011.7.21.〉

1. 「농수산물의 원산지 표시에 관한 법률」 제5조제1항에 따른 원산지 표시를 거짓으로 적은 식재료
2. 「농수산물 품질관리법」 제56조에 따른 유전자변형농수산물의 표시를 거짓으로 적은 식재료
3. 「축산법」 제40조의 규정에 따른 축산물의 등급을 거짓으로 기재한 식재료
4. 「농수산물 품질관리법」 제5조제2항에 따른 표준규격품의 표시, 같은 법 제14조제3항에 따른 품질인증의 표시 및 같은 법 제34조제3항에 따른 지리적표시를 거짓으로 적은 식재료

② 학교의 장과 그 소속 학교급식관계교직원 및 학교급식공급업자는 다음 사항을 지켜야 한다. 〈개정 2008.2.29., 2013.3.23.〉

1. 제10조제2항의 규정에 따른 식재료의 품질관리기준, 제11조제2항의 규정에 따른 영양관리기준 및 제12조제2항의 규정에 따른 위생 · 안전관리기준
2. 그 밖에 학교급식의 품질 및 안전을 위하여 필요한 사항으로서 교육부령이 정하는 사항

③ 학교의 장과 그 소속 학교급식관계교직원 및 학교급식공급업자는 학교급식에 알레르기를 유발할 수 있는 식재료가 사용되는 경우에는 이 사실을 급식 전에 급식 대상 학생에게 알리고, 급식 시에 표시하여야 한다. 〈신설 2013.5.22.〉

④ 알레르기를 유발할 수 있는 식재료의 종류 등 제3항에 따른 공지 및 표시와 관련하여 필요한 사항은 교육부령으로 정한다. 〈신설 2013.5.22.〉

제17조(생산품의 직접사용 등) 학교에서 작물재배 · 동물사육 그 밖에 각종 생산활동으로 얻은 생산품이나 그 생산품의 매각대금은 다른 법률의 규정에 불구하고 학교급식을 위하여 직접 사용할 수 있다.

5) 식품안전기본법[시행 2017.6.3.] [법률 제14354호, 2016.12.2., 일부개정]

제1조(목적) 이 법은 식품의 안전에 관한 국민의 권리 · 의무와 국가 및 지방자치단체의 책임을 명확히 하고, 식품안전정책의 수립 · 조정 등에 관한 기본적인 사항을 규정함으로써 국민이 건강하고 안전하게 식생활(食生活)을 영위하게 함을 목적으로 한다.

제2조(정의) 이 법에서 사용하는 용어의 뜻은 다음과 같다. 〈개정 2010.1.18., 2010.5.25., 2011.7.21., 2011.11.22., 2012.6.1., 2013.3.23., 2016.2.3., 2016.12.2.〉

1. "식품"이란 모든 음식물을 말한다. 다만, 의약으로서 섭취하는 것을 제외한다.
2. "사업자"란 다음 각 목의 어느 하나에 해당하는 것의 생산 · 채취 · 제조 · 가공 · 수입 · 운반 · 저장 · 조리 또는 판매(이하 "생산 · 판매 등"이라 한다)를 업으로 하는 자를 말한다.

가. 「식품위생법」에 따른 식품 · 식품첨가물 · 기구 · 용기 또는 포장

나. 「농수산물 품질관리법」에 따른 농수산물

다. 삭제 〈2011.7.21.〉

라. 「축산법」에 따른 축산물

마. 「비료관리법」에 따른 비료

바. 「농약관리법」에 따른 농약

사. 「사료관리법」에 따른 사료

아. 「약사법」 제85조에 따른 동물용 의약품

자. 식품의 안전성에 영향을 미칠 우려가 있는 농 · 수 · 축산업의 생산자재

차. 그 밖에 식품과 관련된 것으로서 대통령령으로 정하는 것

3. "소비자"란 사업자가 제공하는 제2호 각 목에 해당하는 것(이하 "식품등"이라 한다)을 섭취하거나 사용하는 자를 말한다. 다만, 자기의 영업에 사용하기 위하여 식품등을 제공받는 경우를 제외한다.

4. "관계중앙행정기관"이란 기획재정부 · 교육부 · 농림축산식품부 · 산업통상자원부 · 보건복지부 · 환경부 · 해양수산부 · 식품의약품안전처 · 관세청 및 농촌진흥청을 말하고, "관계행정기관"이란 식품등에 관한 행정권한을 가지는 행정기관을 말한다.

5. "식품안전법령등"이란 「식품위생법」, 「건강기능식품에 관한 법률」, 「어린이 식생활안전관리 특별법」, 「감염병의 예방 및 관리에 관한 법률」, 「국민건강증진법」, 「식품산업진흥법」, 「농수산물 품질관리법」, 「축산물 위생관리법」, 「가축전염병 예방법」, 「축산법」, 「사료관리법」, 「농약관리법」, 「약사법」, 「비료관리법」, 「인삼산업법」, 「양곡관리법」, 「친환경농어업 육성 및 유기식품 등의 관리 · 지원에 관한 법률」, 「보건범죄 단속에 관한 특별조치법」, 「학교급식법」, 「학교보건법」, 「수도법」, 「먹는물관리법」, 「소금산업 진흥법」, 「주세법」, 「대외무역법」, 「산업표준화법」, 「유전자변형생물체의 국가간 이동 등에 관한 법률」, 「식품 · 의약품분야 시험 · 검사 등에 관한 법률」, 「가축 및 축산물 이력관리에 관한 법률」, 「수입식품안전관리 특별법」, 그 밖에 식품등의 안전과 관련되는 법률과 위 법률의 위임사항 또는 그 시행에 관한 사항을 규정하는 명령 · 조례 또는 규칙 중 식품등의 안전과 관련된 규정을 말한다.

6. "위해성평가"란 식품등에 존재하는 위해요소가 인체의 건강을 해하거나 해할 우려가 있는지 여부와 그 정도를 과학적으로 평가하는 것을 말한다.

7. "추적조사"란 식품등의 생산 · 판매등의 과정에 관한 정보를 추적하여 조사하는 것을 말한다.

6) 식품산업진흥법[시행 2017.3.3.] [법률 제14302호, 2016.12.2., 일부개정]

제1조(목적) 이 법은 식품산업과 농어업 간의 연계강화를 통하여 식품산업의 건전한 발전을 도모하고 식품산업의 경쟁력을 제고하여 다양하고 품질 좋은 식품을 안정적으로 공급함으로써 국민의 삶의 질 향상과 국가경제 발전에 이바지하는 것을 목적으로 한다. 〈개정 2011.3.9.〉

제2조(정의) 이 법에서 사용하는 용어의 뜻은 다음과 같다. 〈개정 2009.5.27., 2010.1.25., 2011.3.9., 2011.7.21., 2015.6.22.〉

1. "식품"이란 「농업 · 농촌 및 식품산업 기본법」 제3조제7호의 식품을 말한다.

2. "식품산업"이란 「농업 · 농촌 및 식품산업 기본법」 제3조제8호의 식품산업을 말한다.

2의2. "농어업"이란 「농업 · 농촌 및 식품산업 기본법」 제3조제1호의 농업과 「수산업 · 어촌 발전 기본법」 제3조제1호가목의 어업을 말한다.

2의3. "농수산물"이란 「농업 · 농촌 및 식품산업 기본법」 제3조제6호가목에 따른 농산물과 「수산업 · 어촌 발전 기본법」 제3조제1호가목에 따른 어업활동으로부터 생산되는 산물을 말한다.

3. "식품사업자"란 식품산업을 영위하는 자를 말한다.

4. "전통식품"이란 국산 농수산물을 주원료 또는 주재료로 하여 예로부터 전승되어 오는 원리에 따라 제조 · 가공 · 조리되어 우리 고유의 맛 · 향 및 색을 내는 식품을 말한다.

5. 삭제 〈2012.6.1.〉

6. "국가식품클러스터"란 국가가 식품산업과 관련되어 있는 기업, 연구소, 대학 및 기업지원시설을 일정 지역에 집중시켜 상호연계를 통한 상승효과를 만들어 내기 위하여 형성한 집합체를 말한다.

7. "우수식품등인증"이란 제20조제1항에 따른 식품의 산업표준인증, 제22조제1항에 따른 전통식품의 품질인증, 제22조의2제1항에 따른 가

공식품 및 음식점등의 원산지인증을 말한다.

제3조(국가 및 지방자치단체의 책무) 국가와 지방자치단체는 식품산업과 농어업 간의 연계를 강화하고 식품산업의 건전한 발전을 도모하는 데에 필요한 시책을 수립ㆍ시행하고, 시책을 추진함에 있어서 필요한 법제 및 재정에 관한 조치를 하여야 한다. 〈개정 2011.3.9., 2011.7.21.〉

제4조(식품산업진흥 기본계획의 수립) ① 농림축산식품부장관은 식품산업의 진흥과 경쟁력을 강화하기 위하여 식품산업의 진흥 등에 관한 기본계획을(이하 "기본계획"이라 한다) 수립ㆍ시행하여야 한다. 〈개정 2010.1.25., 2013.3.23.〉

② 기본계획에는 다음 각 호의 사항이 포함되어야 한다. 〈개정 2010.1.25., 2011.3.9., 2011.7.21.〉

1. 식품산업의 진흥에 관한 기본방향
2. 식품산업과 농어업의 연계강화에 관한 사항
3. 외식산업의 육성에 관한 사항
3의2. 전통식품의 개발ㆍ보급 및 세계화에 관한 사항
4. 식품의 품질향상ㆍ수급ㆍ인증제도 등에 관한 사항
5. 식품산업 관련 기술의 개발 및 보급 등에 관한 사항
6. 식품산업 관련 전문인력의 양성 및 통계ㆍ정보화에 관한 사항
7. 우수 식재료 소비 촉진에 관한 사항
8. 식품의 품질 등에 관한 소비자 정보제공 및 보호에 관한 사항
8의2. 국가식품클러스터에 관한 사항
9. 그 밖에 식품산업의 진흥에 필요한 사항

제5조(식품산업진흥심의회 설치) ① 식품산업의 진흥 등에 관한 사항을 심의하기 위하여 농림축산식품부장관 소속으로 식품산업진흥심의회(이하 "심의회"라 한다)를 둔다. 〈개정 2010.1.25., 2013.3.23.〉

② 심의회는 다음 각 호의 사항을 심의한다. 〈개정 2010.1.25., 2012.6.1., 2013.3.23., 2015.6.22., 2015.8.11.〉

1. 기본계획 수립에 관한 사항
2. 식품의 산업표준인증에 관한 사항
3. 전통식품의 품목지정 및 표준규격의 제정 · 개정에 관한 사항
4. 식품명인의 지정 · 취소에 관한 사항
5. 전통식품 품질인증에 관한 사항

5의2. 가공식품 및 음식점등의 원산지인증에 관한 사항

6. 제12조제1항에 따른 국가식품클러스터 종합계획 수립에 관한 사항
7. 외식산업의 육성 및 우수 식재료 소비 촉진에 관한 사항
8. 그 밖에 농림축산식품부장관 또는 해양수산부장관이 식품산업의 진흥 및 소비자보호 등과 관련하여 심의를 요청한 사항

③ 심의회의 원활한 운영을 위하여 식품산업진흥심의회 분과위원회(이하 "분과위원회"라 한다)를 둘 수 있다.

④ 심의회에 수산 분야의 사항을 심의하기 위하여 수산분과위원회를 둔다. 〈신설 2015.8.11.〉

⑤ 제4항에 따른 수산분과위원회에서 심의한 사항은 심의회에서 심의한 것으로 본다. 〈신설 2015.8.11.〉

⑥ 심의회 및 분과위원회의 구성 및 운영 등에 필요한 사항은 대통령령으로 정한다. 〈개정 2015.8.11.〉

7) 건강기능식품에 관한 법률(약칭: 건강기능식품법)

[시행 2017.3.28.] [법률 제14476호, 2016.12.27., 타법개정]

제1조(목적) 이 법은 건강기능식품의 안전성 확보 및 품질 향상과 건전한 유통 · 판매를 도모함으로써 국민의 건강 증진과 소비자 보호에 이바지함을 목적으로 한다.

[전문개정 2014.5.21.]

제2조(책무) ① 국가와 지방자치단체는 모든 국민이 질 좋은 건강기능식품과 이에 관한 올바른 정보를 제공받을 수 있도록 합리적인 정책을 마련하고, 건강기능식품을 제조 · 가공 · 수입 · 판매하는 자(이하 "영업자"라 한다)를 지도 · 관리하여야 한다.

② 영업자는 관계 법령에서 정하는 바에 따라 질 좋은 건강기능식품을 안전하고 건전하게 공급하여야 한다.

[전문개정 2014.5.21.]

제3조(정의) 이 법에서 사용하는 용어의 뜻은 다음과 같다. 〈개정 2015.2.3.〉

1. "건강기능식품"이란 인체에 유용한 기능성을 가진 원료나 성분을 사용하여 제조(가공을 포함한다. 이하 같다)한 식품을 말한다.
2. "기능성"이란 인체의 구조 및 기능에 대하여 영양소를 조절하거나 생리학적 작용 등과 같은 보건 용도에 유용한 효과를 얻는 것을 말한다.
3. "표시"란 건강기능식품의 용기 · 포장(첨부물과 내용물을 포함한다. 이하 같다)에 기재하는 문자 · 숫자 또는 도형을 말한다.
4. "광고"란 라디오 · 텔레비전 · 신문 · 잡지 · 음성 · 음향 · 영상 · 인터넷 · 인쇄물 · 간판 또는 그 밖의 방법으로 건강기능식품에 대한 정보를 나타내거나 알리는 행위를 말한다.
5. "영업"이란 건강기능식품을 판매의 목적으로 제조 또는 수입하거나 판매(불특정 다수에게 무상으로 제공하는 것을 포함한다. 이하 같다)하는 업(業)을 말한다.
6. "건강기능식품이력추적관리"란 건강기능식품을 제조하는 단계부터 판매하는 단계까지 각 단계별로 정보를 기록 · 관리하여 해당 건강기능식품의 안전성 등에 문제가 발생할 경우 해당 건강기능식품을 추적하여 원인을 규명하고 필요한 조치를 할 수 있도록 관리하는 것을 말한다.

[전문개정 2014.5.21.]

제2장 영업

제4조(영업의 종류 및 시설기준) ① 다음 각 호의 어느 하나에 해당하는 영업을 하려는 자는 총리령으로 정하는 기준에 맞는 시설을 갖추어야 한다.

1. 건강기능식품제조업

2. 삭제 〈2015.2.3.〉

3. 건강기능식품판매업

② 제1항에 따른 영업의 세부 종류와 그 범위는 대통령령으로 정한다.

[전문개정 2014.5.21.]

제5조(영업의 허가 등) ① 제4조제1항제1호에 따른 건강기능식품제조업을 하려는 자는 총리령으로 정하는 바에 따라 영업소별로 식품의약품안전처장의 허가를 받아야 한다. 대통령령으로 정하는 사항을 변경하려는 경우에도 또한 같다. 〈개정 2015.5.18.〉

② 제1항에 따라 허가를 받은 자가 그 영업을 폐업하거나 허가받은 사항 중 총리령으로 정하는 사항을 변경하려는 경우에는 식품의약품안전처장에게 신고하여야 한다.

③ 식품의약품안전처장은 다음 각 호의 어느 하나에 해당하는 경우를 제외하고는 제1항에 따른 허가를 하여야 한다. 〈신설 2015.5.18., 2016.2.3.〉

1. 제4조에 따른 시설기준을 갖추지 못한 경우

2. 제9조제1항 각 호의 어느 하나에 해당하는 경우

3. 제12조제1항에 따른 품질관리인을 선임하지 아니한 경우(제12조제1항 단서에 해당하는 경우는 제외한다)

4. 제13조제2항에 따른 건강기능식품의 안전성 확보 및 품질관리에 관한 교육을 받지 아니한 경우(제13조제2항 단서에 해당하는 경우는 제외한다)

4의2. 제22조에 따른 우수건강기능식품제조기준에 맞지 아니하는 경우

5. 그 밖에 이 법 또는 다른 법령에 따른 제한에 위반되는 경우

④ 제1항과 제2항에 따른 영업의 허가, 변경허가 및 변경신고의 절차 등에 관하여 필요한 사항은 총리령으로 정한다. 〈개정 2015.5.18.〉

[전문개정 2014.5.21.]

2. 주방위생

주방위생 관리를 위해서는 그림 4-1 에서와 같이 가장 우선적으로 관심을 가질 것은 취급하는 식품이다. 그리고 식품을 조리, 보관, 저장하는 시설뿐만 아니라 식품을 다루는 사람의 개인위생요인도 매우 중요하다.

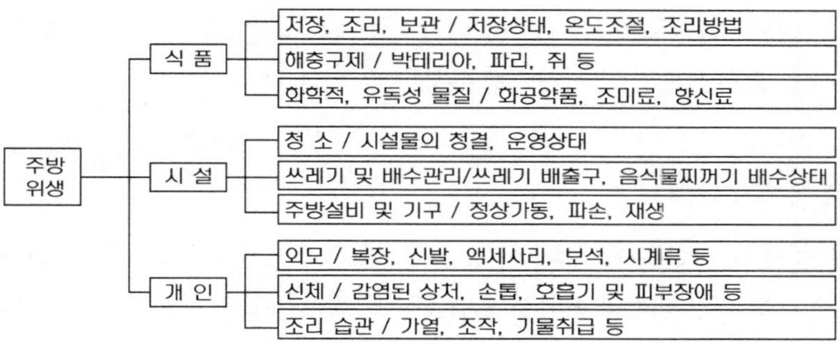

그림 4-1. 주방위생요인

3. 위생관리 이론적 바탕

1) 위해요소

위해요소들은 다음과 같이 분류 가능하다.

(1) 생성원인별

식품의 위해요소들은 일반적으로 생성원인에 따라 크게 세 가지로 구분할 수 있다.

첫째로, 내인성 위해요소를 들 수 있다. 이는 식품 원재료 자체에 포함된 유해, 유독성분으로서, 예로서 복어독 등 자연독성 물질 등이 포함된다.

둘째로, 외인성 위해요소이다. 조리, 가공 및 보존 등에서 외부로부터 오염되거나 혼입되는 물질로 인한 것으로서 예로서 식중독균, 경구전염병균, 기생충, 곰팡이독 등의 생물학적 요인뿐만 아니라 유해 첨가물, 수질오염물질, 환경오염물질 등이 포함된다.

셋째로, 유인성 위해요소이다. 이는 식품의 조리, 가공 및 보존 과정에서 식품의 성분 등이 변화하여 발생하는 물질로서 유지 과산화물, 니트로소아민, 벤조피렌 등이 포함된다.

(2) 특성에 따라

식품의 위해요소들은 특성에 따라 일반적으로 생성원인에 따라 크게 물리적, 화학적 및 생물학적으로 구분할 수 있다.

첫째로, 물리적 위해요소에는 머리카락, 깃털, 뼛조각, 돌덩어리, 담배 등을 들 수 있다.

둘째로, 화학적 위해요소이다. 유해식품첨가물, 잔류농약, 중금속류, 세제, 수질 및 대기의 화학적 오염물질, 그리고 식품의 조리, 가공 및 보존 과정에서 식품의 성분 등이 변화하여 발생하는 화학적 유해물질인 유지 과산화물, 니트로소아민, 벤조피렌 등을 들 수 있다.

셋째로, 생물학적 위해요소이다. 파리, 바퀴벌레, 각종 벌레류 등의 생물, 그리고 세균, 곰팡이, 효모, 원생동물, 바이러스 등 미생물에 의한 것으로 매우 중요하게 다루어져야 한다.

2) 식중독

식중독은 "식품 섭취로 인하여 인체에 유해한 미생물 또는 유독물질에 의하여 발생하였거나 발생한 것으로 판단되는 감염성 질환 또는 독소형 질환을 말한다"라고 식품위생법에서 정의되어 있다. 즉, 음식물을 경구적으로 섭취하였을 때 일어나는 급성위장염을 주요증상으로 하는 질환을 말한다. 크게 세균성 식중독, 자연독 식중독, 화학물질에 의한 식중독으로 분류할 수 있다. 그러나, 식품섭취를 통한 경구전염병은 식중독으로 분류하지 않는다. 식중독 원인에 대해 살펴본다.

(1) 세균성 식중독

① 감염형 : 원인균이 감염되어 증식된 상태의 식품을 섭취한 다음 체내의 장관에서 더욱 증식하여 일어나는 식중독이다. 식중독 원인균으로는 살모넬라균, 장염비브리오균, 병원성 대장균, 여시니아균, 캄필로박터균 등이 대표적이다. 특징으로는 식중독균이 대장까지 도달하는 시간과 장에서의 증식에 필요한 시간 등으로 잠복기가 길고 발열이 동반되는 위장염 증상이 흔하다.

② 독소형 : 원인균이 감염되어 식품에서 증식하면서 독소를 생성한 상태로 섭취함으로 발생된다. 식중독 원인균으로는 포도상구균, 보툴리누스균 등이 있다.

③ 감염독소형 : 식품과 함께 섭취된 식중독균이 장관에서 포자를 형성할 때 독소를 생산하고 이 독소에 의한 식중독이다. 즉, 감염형과 독소형의 중간 형태이며, 일명 생체내 독소형 식중독이며, 대표적으로 Clostridium perfringens(Wellchii, 웰치균)과 셀레우스균을 들 수 있다.

(2) 자연독 식중독

① 동물성 자연독 : 복어 중독은 테트로도톡신(tetrodotoxin)에 의한 것으로, 알과 난소에 많이 분포되어 있으며, 피부나 근육에는 상대적으로 함량이 적다. 조개류 중독은 조개류 그 자체에서 생성하는 생체독에 의한 것과 조개류가 먹는 먹이가 환경인자로부터 오염되어 조개의 체내에 이행 · 축적되는 경우로 나눌 수 있다. 대합, 홍합, 섭조개의 마비성 패류독소인 삭시톡신(saxitoxin) 중독과 굴, 바지락, 모시조개의 베네루핀(venerupin) 등이 대표적이다

② 식물성 자연독 : 식물 중에는 유독성 물질이 함유된 것이 많으며, 잘못하여 이런 식품을 섭취할 경우 식중독이 생길 수가 있다. 어떤 식물성 식품 중에는 독성성분이 물에 잘 녹는 성질이 있어 손쉽게 제거하고 섭취할 수 있는 것도 있다. 발아한 감자 중의 솔라닌(solanine)은 싹에 존재하여 실질적인 함량은 적으나 중독이 나타나는 수도 있다. 청매, 은행, 살구씨의 아미그달린(amygdalin), 면실유의 고시폴(gossyol), 피마자씨 중의 리신(ricin), 대두에 함유된 트립신 활성억제물질, 독버섯에 의한 중독 등이 있다

③ 미생물의 대사물질에 의한 것 : 쌀에 기생하는 곰팡이가 생산하는 독소로 인한 황변미중독, 근육연축작용이 있는 맥각이 혼합된 곡류를 식량으로 먹었을 경우에 생기는 맥각중독, 곰팡이류에 의한 마이코톡신 중독 등이 있다

(3) 화학물질에 의한 식중독

식품의 가공기술이 발전함에 따라 식품의 제조 · 가공을 용이하게 하고, 보존성을 향상시키며, 상품적 및 영양적 가치를 증강시키기 위하여 화학물질을 식품첨가물로 사용하고 있다. 이러한 식품의 가공 · 공정 중에 첨가 · 사용하는 보존료 · 착색료 · 감미료 등의 화학물질이 불량품이거나 또는 허가되지 않은 것을 사용함으로써 식중독을 일으키는 경우가 있다.

(4) 음식물 관리요령

다음은 음식물의 위생적 관리를 위한 6가지 기본조건을 살펴본다. 일명 첫글자의 조합으로 FAT-TOM으로도 부른다. 각각에 대해 살펴보자.

① Food : 특히 육류, 어패류 등 단백질 식품, 익힌 탄수화물, 복합조리식품 등에 유의한다.

② Acidity : 미생물 번식이 쉬운 약산성 내지 중성영역 pH 4.6-7.5 피하라

③ Temperature : 미생물 번식이 가장 쉬운, 5~57℃(41~135F)를 피하라

④ Time : 위험온도구간에서 4시간 이상 두지 말라, cook and chill, 냉장 보관 등을 고려하라.

⑤ Oxygen : 호기성의 일부 식인성 질환 미생물은 번식 시, 산소를 필요로 하나, 혐기성도 있다.

⑥ Moisture : Aw(수분활성도) 0.85 이상인 상태는 미생물 번식이 쉽다. 이 조건을 피하라.

3) 위생관리의 식품위생법령

식품위생법 제32조의 2규정에 의한 식품위해요소 중점관리기준을 적용함에 있어 식품접객업소용 선행요건으로 영업장관리, 위생관리, 제조시

설, 설비관리, 냉장, 냉동시설관리, 용수관리, 검사관리, 회수프로그램의 8개영역 106개 항목을 제시하고 있다.

4) 개인위생관리

안전한 식생활 위생을 위해서 모든 사항을 관리하는 종사자들의 위생을 우선적으로 생각할 필요가 있다.

작업 시작 전 관리자는 조리원의 건강상태, 복장 및 손의 위생 등을 확인하고, 작업도중에 발생하는 식품 취급 습관은 각 단계별로 작업과정에서 중점적으로 확인한다, 확인 결과에 따라 식품에 오염시킬 가능성 발견 시에는 작업배제, 작업변경, 복장 불량 시에는 교체명령 등의 시정조치 한다.

(1) 건강진단

식품위생법 제26조 및 같은 법 시행규칙 제34조의 규정에 의해 영업자 및 조리종사자는 건강진단을 받아야 하며 년 1회 갱신하여야 한다.

(2) 조리에 종사할 수 없는 질환

같은 법 시행규칙 제35조의 규정에서 정하는 식품매개 질병에 감염된 보균자나 전염성 상처나 피부병, 염증, 설사 등의 질병을 가진 경우, 식품 취급에 종사할 수 없게 되어 있다.

(3) 휴식 공간 및 샤워시설 설치로 건강관리시설 제공

(4) 복장 위생

작업복, 몸의 청결, 머리망 및 모자, 작업화의 청결 등 개인위생수칙을 준수하도록 하여야 한다.

(5) 손의 위생

손을 통한 오염에 특히 신경을 써야한다. 위생을 유지하기 위해서는 손의 상처방지, 손 세척이 필요한 시점의 파악, 1회용 장갑의 사용이 되도록 체계적인 교육과 훈련이 필요하다.

(6) 전염성 보균자의 휴무, 휴식조치

(7) 조리종사자에 의한 교차오염 예방

조리 종사자의 손이나 식품에 직접 접촉하는 기기나 기구에 의해 조리되지 않은 식품에서 조리된 식품으로 미생물이 오염되는 것을 교차오염이라 한다, 즉 칼 손잡이, 냉장고 문, 도마 및 조리기기의 외부에 오염물질이 잔존한 상태에서 오염이 교차될 수 있는 것을 말한다,

5) 종사자의 위생교육

(1) 작업 시작 전

감염성 질환의 유무 확인, 위생 점검 및 교육실시

청결한 머리망, 작업복 및 작업화를 착용한다.

손 씻는 시점과 손 세척 방법을 교육한다.

(2) 작업도중

식품취급 습관, 맛보기, 음식 섭취, 흡연, 기침, 재채기, 장갑의 교체착용 등에 신경을 기울인다.

6) 학교급식의 위생 및 안전관리

학교급식을 위한 위생 및 안전관리 기준을 살펴보면 표 4-5와 같다.

표 4-5. 학교급식의 위생 · 안전관리

학교급식의 위생 · 안전관리기준

1. 시설관리
   가. 급식시설 · 설비, 기구 등에 대한 청소 및 소독계획을 수립 · 시행하여 항상 청결하게 관리하여야 한다.
   나. 냉장 · 냉동고의 온도, 식기세척기의 최종 헹굼수 온도 또는 식기소독보관고의 온도를 기록 · 관리하여야 한다.
   다. 급식용수로 수돗물이 아닌 지하수를 사용하는 경우 소독 또는 살균하여 사용하여야 한다.

2. 개인위생
   가. 식품취급 및 조리작업자는 6개월에 1회 건강진단을 실시하고, 그 기록을 2년간 보관하여야 한다. 다만, 폐결핵검사는 연1회 실시할 수 있다.
   나. 손을 잘 씻어 손에 의한 오염이 일어나지 않도록 하여야 한다. 다만, 손 소독은 필요시 실시할 수 있다.

3. 식재료 관리
   가. 잠재적으로 위험한 식품 여부를 고려하여 식단을 계획하고, 공정관리를 철저히 하여야 한다.
   나. 식재료 검수시 「학교급식 식재료의 품질관리기준」에 적합한 품질 및 신선도와 수량, 위생상태 등을 확인하여 기록하여야 한다.

4. 작업위생
   가. 칼과 도마, 고무장갑 등 조리기구 및 용기는 원료나 조리과정에서 교차오염을 방지하기 위하여 용도별로 구분하여 사용하고 수시로 세척 · 소독하여야 한다.
   나. 식품 취급 등의 작업은 바닥으로부터 60㎝ 이상의 높이에서 실시하여 식품의 오염이 방지되어야 한다.
   다. 조리가 완료된 식품과 세척 · 소독된 배식기구 · 용기등은 교차오염의 우려가 있는 기구 · 용기 또는 원재료 등과 접촉에 의해 오염되지 않도록 관리하여야 한다.
   라. 해동은 냉장해동(10℃ 이하), 전자레인지 해동 또는 흐르는 물(21℃ 이하)에서 실시하여야 한다.
   마. 해동된 식품은 즉시 사용하여야 한다.
   바. 날로 먹는 채소류, 과일류는 충분히 세척 · 소독하여야 한다.
   사. 가열조리 식품은 중심부가 74℃이상으로 가열되고 있는지 온도계로 확인하고, 그 온도를 기록 · 유지하여야 한다.
   아. 조리가 완료된 식품은 온도와 시간관리를 통하여 미생물 증식이나 독소 생성을 억제하여야 한다.

5. 배식 및 검식
   가. 조리된 음식은 안전한 급식을 위하여 운반 및 배식기구 등을 청결히 관리하여야 하며, 배식 중에 운반 및 배식기구 등으로 인하여 오염이 일어나지 않도록 조치하여야 한다.
   나. 급식실 외의 장소로 운반하여 배식하는 경우 배식용 운반기구 및 운송차량 등을 청결히 관리하여 배식시까지 식품이 오염되지 않도록 하여야 한다.
   다. 조리된 식품에 대하여 배식하기 직전에 음식의 맛, 온도, 조화(영양적인 균형, 재료의 균형), 이물(異物), 불쾌한 냄새, 조리상태 등을 확인하기 위한 검식을 실시하여야 한다.

6. 세척 및 소독 등
   가. 식기구는 세척・소독 후 배식 전까지 위생적으로 보관・관리하여야 한다.
   나. 「전염병예방법 시행령」 제11조의2에 따라 급식시설에 대하여 소독을 실시하고 소독필증을 비치하여야 한다.

7. 안전관리
   가. 관계규정에 따른 정기안전검사{가스・소방・전기안전, 보일러・압력용기・덤웨이터(dumb-waiter)검사 등}를 실시하여야 한다.
   나. 조리기계・기구의 안전사고 예방을 위하여 안전작동방법을 게시하고 교육을 실시하며, 관리책임자를 지정, 그 표시를 부착하고 철저히 관리하여야 한다.
   다. 조리장 바닥은 안전사고 방지를 위하여 미끄럽지 않게 관리하여야 한다.

8. 기타 : 이 기준에서 정하지 않은 사항에 대해서는 식품위생법령의 위생・안전관련 기준에 따른다.

4. HACCP(해썹, 식품안전관리인증기준)을 통한 위생관리

1) HACCP의 역사

HACCP은 미 항공우주국의 아폴로우주선 비행사들에게 안전한 식량을 제공하기 위하여 고안된 것으로부터 시작되었으며, 이후 발전을 거듭하여 지금에 이르게 되었다. HACCP의 발전역사는 표 4-6에서 보는 바와 같다.

표 4-6. HACCP 발전역사

1960년대	미국 NASA(미 항공우주국)의 아폴로우주선 비행사들에게 안전한 식량을 제공하기 위하여 최초로 고안
1971년	Pillsbury사 3원칙의 HACCP 개념을 처음으로 소개 원칙1. 위해요소분석과 위해평가 원칙2. CCP(중요관리점) 결정 원칙3. CCP 모니터링
1987년	식품미생물기준국가자문위원회(NACMCF) HACCP 7원칙 설정 원칙1. 위해요소분석과 위해평가 원칙2. CCP 결정 원칙3. CCP에 대한 한계기준 설정 원칙4. CCP 모니터링 방법 설정 원칙5. 개선 조치 설정 원칙6. 기록 유지 및 문서 유지 원칙7. 검증 방법 수립
1993년	제20차 국제식품규격위원회(Codex) 위생분과위원회에서 HACCP 방식을 식품위생의 일반원칙으로 채택 각 국에 HACCP 개념을 근거로 한 위생규격기준을 권고, 미국, 일본, 캐나다, 유럽 등 세계 각국에서 이 제도를 도입하여 적용
1997년	Codex에서 HACCP 7원칙 12절차를 개정하여 현재 까지 적용 중 절차1. HACCP 팀 구성 절차2. 제품 설명서 작성 절차3. 용도 확인 절차4. 공정흐름도 작성 절차5. 공정흐름도 현장 검증 절차6 (원칙1). 위해요소분석 절차7 (원칙2). CCP 결정 절차8 (원칙3). 한계기준 설정 절차9 (원칙4). CCP 모니터링 방법 설정 절차10 (원칙5). 개선 조치 설정 절차11 (원칙6). 검증 방법 설정 절차12 (원칙7). 기록 유지 및 문서 관리

2) HACCP 제도관련 규정

우리나라의 HACCP 제도와 관련된 규정은 표 4-7에서 보는 바와 같다.

표 4-7. HACCP 제도관련 규정

식품의약품안전청(KFDA)
1995. 12. HACCP 제도 도입 근거 마련(식품위생법 제32조의2) - 1996. 12. HACCP 적용업소 지정 · 운영을 위한 세부운영규정마련(식품위해요소중점관리기준 고시) - 1997~2002. 어육가공품, 냉동수산식품, 냉동식품, 빙과류, 도시락류, 집단급식소 · 식품접객업소 조리식품, 비가열음료, 레토르트식품 HACCP 적용기준 마련 - 2002. 8. 의무적용에 대한 법적근거 마련(식품위생법 제32조의2) - 2003. 8. 의무적용대상업소 지정-어묵류 등 6개 식품제조 · 가공업소(식품위생법시행규칙제43조의2) - 2005. 6. 김치 · 절임식품, 저산성통조림, 두부류 또는 묵류, 빵류, 소스류, 건포류, 특수영양식품 HACCP 적용기준 마련 - 2006. 12. ~ 2012. 12. 매출액 및 종업원수에 따른 단계별 의무적용
농림수산식품부
1997. 12. HACCP 제도 도입 근거 마련(축산물가공처리법) - 1998. 8. HACCP 적용업소 지정 · 운영을 위한 세부운영규정 마련(축산물위해요소중점관리기준 고시) - 2000. 7. 도축장에 대하여 2003.6.30까지 연차적 의무적용 실시 - 1998~2004. 햄류, 소시지류, 포장육, 우유류, 발효유류, 가공치즈, 자연치즈, 가공유류, 버터류, 양념육류, 분쇄가공육제품, 저지방우유류, 아이스크림류 HACCP 적용기준 마련 - 2004. 1. 집유장, 식육포장처리장, 축산물보관장, 운반업소, 판매업소 HACCP 지정근거 마련

3) HACCP제도 적용현황

- HACCP제도 '06년 의무적용 병행 체계로 확대
- HACCP 의무적용 추진 현황

2002.08 : 의무적용에 대한 법적근거 마련(식품위생법제32조의 2)2003.08 : 의무적용대상업소 지정 - 어묵류 등 6개 식품제조 · 가공업소(식품위생법시행규칙 제43조의2)

2005.10 : 김치 · 절임식품, 저산성통조림, 두부류 또는 묵류, 빵류, 소스류, 건포류, 특수영양식품 HACCP 적용기준 마련

2006.12~2012.12 : 매출액 및 종업원수에 따른 단계별 의무적용 실시

- 의무적용 대상

「식품위생법 시행규칙」

제62조(식품안전관리인증기준 대상 식품) ① 법 제48조제2항에서 "총리령으로 정하는 식품"이란 다음 각 호의 어느 하나에 해당하는 식품을 말한다. 〈개정 2010.3.19, 2013.3.23, 2014.5.9, 2016.4.19〉

1. 어육가공품 중 어묵 · 어육소시지
2. 냉동수산식품 중 어류 · 연체류 · 조미가공품
3. 냉동식품 중 피자류 · 만두류 · 면류
4. 과자류 중 과자 · 캔디류 · 빙과류
5. 음료류
6. 레토르트식품
7. 김치류 중 배추김치
8. 빵 또는 떡류 중 빵류 · 떡류
9. 코코아가공품 또는 초콜릿류 중 초콜릿류
10. 면류 중 국수 · 유탕면류
11. 특수용도식품
12. 즉석섭취 · 편의식품류 중 즉석섭취식품

12의2. 즉석섭취 · 편의식품류의 즉석조리식품 중 순대

② 제1항에 따른 식품에 대한 식품안전관리인증기준의 적용 · 운영에 관한 세부적인 사항은 식품의약품안전처장이 정하여 고시한다. 〈개정 2013.3.23, 2015.8.18〉

[제목개정 2015.8.18]

[시행일] 제62조제1항제1호(어육소시지만 해당한다), 제4호(과자 · 캔디류만 해당한다), 제5호(비가열음료는 제외한다) 및 제8호부터 제12호까지의 개정규정은 다음 각 호에서 정한 날

1. 해당 식품유형별 2013년 매출액이 20억원 이상이고, 종업원 수가 51명 이상인 영업소에서 제조 · 가공하는 식품: 2014년 12월 1일
2. 해당 식품유형별 2013년 매출액이 5억원 이상이고, 종업원 수가 21

명 이상인 영업소(이 항 제1호에 해당하는 영업소는 제외한다)에서 제조 · 가공하는 식품: 2016년 12월 1일

3. 해당 식품유형별 2013년 매출액이 1억원 이상이고, 종업원 수가 6명 이상인 영업소(이 항 제1호 또는 제2호에 해당하는 영업소 및 제62조제1항제13호의 개정규정에 해당하는 영업소는 제외한다)에서 제조 · 가공하는 식품: 2018년 12월 1일. 다만, 제62조제1항제8호의 개정규정 중 떡류의 경우로서 해당 떡류의 2013년 매출액이 1억원 이상이고, 종업원 수가 10명 이상인 영업소에서 제조 · 가공하는 떡류: 2017년 12월 1일
4. 제1호부터 제3호까지의 어느 하나에 해당하지 아니하는 영업소(제62조제1항제13호의 개정규정에 해당하는 영업소는 제외한다)에서 제조 · 가공하는 식품: 2020년 12월 1일

[시행일] 제62조제1항제12호의2의 개정규정은 다음 각 호의 구분에 따른 날

1. 2014년의 종업원 수가 2명 이상인 영업소에서 제조 · 가공하는 순대: 2016년 12월 1일
2. 제1호에 해당하지 아니하는 영업소에서 제조 · 가공하는 순대: 2017년 12월 1일

5. ISO9000, 14000, 22000을 통한 위생관리

DISCUSSION TIME

Q&D) 위생관리 전반에 대해 함께 토론해 봅시다.

위생 ? :

관리방법? :

ISO 9000, 14000, 22000을 통한 위생관리 ? :

HACCP ?

기타? :

Basic science for co

Part V.

영양 및 조리의 실례

king

1장.

열량 및 영양성분 분석(식품공전)

1. 열량의 계산

식품의 에너지는 에트워터 계수를 사용하여 검체 100 g중의 조단백질, 조지방 및 탄수화물 또는 당질의 함량에 단백질 4, 지방 9, 당질 4의 계수를 곱하여 각각의 에너지를 킬로칼로리(kcal)단위로 산출하고 그 총계로 나타낸다.

단위는 킬로칼로리(kcal) 또는 킬로주울(kJ)로 하고 킬로칼로리 단위에서 킬로주울 단위로의 환산은 1 kcal = 4.184 kJ에 해당된다.

세계식량농업기구(FAO)를 중심으로 한 국제적 경향은 식품을 군별로 하여 그 군에 특유한 에너지 환산계수를 채용하고 있으므로 다음 표에 있는 식품에 대해서는 FAO의 에너지 환산계수를 사용한다(다만, 아래 표에서 ( )를 붙인 것은 다른 식품군 계수에서 전용 또는 그것에서 추정해서 얻은 것임).

표 5-1. 식품군별 에너지 환산계수(kcal/g)

구 분 식품군	FAO의 에너지 환산계수			FAO에 의한 식품군명
	조단백질	조지방	탄수화물	
곡 류	3.46	8.37	4.12	오트밀, 탄보리
	3.55	8.37	3.95	보리(정맥)
	3.59	8.37	3.78	밀가루, 도정률 97~100 %
	4.05	8.37	4.12	밀가루, 도정률 70~74 %
	1.82	8.37	2.35	밀기울
	3.55	8.37	3.95	메밀가루
	2.73	8.37	4.03	옥수수가루(전립)
	3.46	8.37	4.16	옥수수가루(배아를 제거한 것)
	0.91	8.37	4.03	수수(전립)
	3.05	8.37	3.86	호밀(전립분)
	3.23	8.37	3.09	호밀(중간도정)
	3.41	8.37	4.07	호밀
	3.87	8.37	4.12	기타 정맥곡류
감자 및 전분류	2.78	8.37	4.03	감자, 전분질괴근
설탕 및 감미류	3.11	-	3.87	사탕수수당, 사탕무우당
	3.36	-	3.87	(벌꿀)
	-	-	3.68	포도당
과자류	-	-	3.87	(사탕수수당, 사탕무우당)
	3.87	8.37	4.12	기타 정백곡류
유지류	4.27	8.79	3.87	버터
	(4.27)	9.02	-	기타 동물성지방
	4.27	8.84	3.87	마아가린(식물성)
	-	8.84	-	기타 식물성유지
종실류, 두류	3.47	8.37	4.07	콩류, 종실류(성숙, 건조)
	3.47	8.37	4.07	콩(건조, 가루)
어개류, 수조 경육류	4.27	9.02	a)	육, 어류
	-	-	4.11	글리코오겐
	3.90	9.02	-	젤라틴
난류	4.36	9.02	3.68	난(卵)
유류	4.27	8.79	3.87	유, 유제품
채소류	2.78	8.37	3.84	지하부이용의 채소 b)(감자, 전분질괴근 제외)
	2.44	8.37	3.57	기타 채소
	3.47	8.38	4.07	미성숙콩류
	3.36	8.37	3.60	기타 과실
	2.73	8.37	4.03	(옥수수)
과실류	3.36	8.37	2.70	레몬
	3.36	8.37	3.60	기타 과실
기호음료류	섭취한 에탄올 1 g당 6.93 kcal			에탄올
조미료류 기타	1.83	8.37	1.33	초콜릿, 코코아
	-	-	2.40	초
	3.00	8.37	3.35	효모

a) 뇌, 심장, 신장, 간장(및 조미료를 가한 가공품)의 탄수화물에 대한 계수는 3.87, 혀, 조개류(근육)의 탄수화물에 대한 계수는 4.11

b) 사탕무우, 당근, 양파, 무우 등

2. 생애주기별 영양

표 5-2. 필요영양성분 및 단위

영양성분				단위 (가식부 100 g 당)
에너지			Energy	kcal
수분			Water	g
단백질			Protein	g
지질			Fat	g
회분			Ash	g
탄수화물			Carbohydrate	g
식이섬유			Dietary Fiber	g
콜레스테롤			Cholesterol	mg
무기질 (Minerals)		칼슘	Calcium (Ca)	mg
		인	Phosphorus (P)	mg
		나트륨	Sodium (Na)	mg
		칼륨	Potassium (K)	mg
		염소*	Chlorine (Cl)	mg
		마그네슘*	Magnesium (Mg)	mg
		불소*	Fluorine (F)	μg
		철	Iron (Fe)	mg
		아연	Zinc (Zn)	mg
		구리*	Copper (Cu)	mg
		망간*	Manganese (Mn)	mg
		셀레늄*	Selenium (Se)	μg
		요오드*	Iodine (I)	μg
비타민 (Vitamins)	A	총 비타민 A	Total vitamin A	RE
		레티놀	Retinol	μg
		베타카로틴	β -carotene	μg
	D*		Vitamin D	μg
	E		Vitamin E	mg
	K*		Vitamin K	μg
	B12*		Vitamin B12	μg
	엽산		Folate	μg
	C		Ascorbic acid	mg
	B1		Thiamin	mg
	B2		Riboflavin	mg
	B6		Vitamin B6	mg
	니아신		Niacin	mg
	판토텐산*		Pantothenic acid	mg
	비오틴*		Biotin	μg
모든 지방산				g**
모든 아미노산				mg

3. 생애주기별 영양권장량

표 5-3. 유아기

연령(세)	체중(kg)	신장(cm)	에너지(kcal)	식이섬유(g)	단백질(g)		수분(mL)	칼슘(mg)	철(mg)
			EAR	AI	EAR	RI	AI	RI	RI
1~2	12.2	86.1	1,000	10	12	15	1,100	500	6
3~5	17.2	107	1,400	15	15	20	1,400	600	7

표 5-4. 학동기

영양소 섭취기준									
연령(세)		체중(kg)	에너지(kcal) EAR AI	식이섬유(g)	단백질(g)		수분(mL)	칼슘(mg)	철(mg)
				EAR	RI	AI	RI	RI	
6-8	남	25	1,600	20	20	25	1,800	700	8
	여	24.6	1,500	15	20	25	1,700	700	8
9-11	남	35.7	1,900	20	30	35	2,000	800	11
	여	34.8	1,700	15	30	35	1,800	800	10

표 5-5. 청소년기

영양소 섭취기준									
연령(세)		체중(kg)	에너지(kcal) EAR AI	식이섬유(g)	단백질(g)		수분(mL)	칼슘(mg)	철(mg)
				EAR	RI	AI	RI	RI	
12-14	남자	50.5	2,400	25	40	50	2,300	1,000	14
	여자	47.5	2,000	20	40	45	2,000	900	13
15-19	남자	62.1	2,700	25	45	60	2,600	900	15
	여자	53.4	2,000	20	40	45	2,100	800	17

표 5-6. 성인기

영양소 섭취기준(성인)									
연령(세)		체중(kg) EAR	에너지(kcal)	식이섬유(g)	단백질(g)		수분(mL)	칼슘(mg)	철(mg)
			AI	EAR	RI	AI	RI	RI	
남자	19-29	65.8	2,600	25	45	55	2,600	750	10
	30-49	63.6	2,400	25	45	55	2,500	750	10
	50-64	60.6	2,200	25	40	50	2,200	700	9
여자	19-29	56.8	2,100	20	40	50	2,100	650	14
	30-49	54.2	1,900	20	40	45	2,000	650	14
	50-64	52.2	1,800	20	35	45	1,900	700	8

표 5-7. 노년기

영양소 섭취기준									
연령(세)		체중(kg) EAR	에너지(kcal)	식이섬유(g)	단백질(g)		수분(mL)	칼슘(mg)	철(mg)
			AI	EAR	RI	AI	RI	RI	
남자	65-74	59.2	2,000	25	40	50	2,100	700	9
	75이상	59.2	2,000	25	40	50	2,100	700	9
여자	65-74	50.2	1,600	20	35	45	1,800	700	8
	75이상	50.2	1,600	20	35	45	1,800	700	8

3. 미량영양성분 분석

1) 무기성분 분석을 위한 시험용액의 조제

(1) 건식분해

검체를 고온에서 탄화시켜 유기물질을 회화시킨 후 산으로 용해하여 분석한다.

검체를 표 5-8과 같이 회화용기에 취하여 탄화시킨 후 550~600 ℃의 온도에서 여러 시간 가열하여 백색~회백색의 회분이 얻어질 때까지 회화한다. 이 회분을 방냉 후, 주의하여 물로 적신 후 염산용액(1→2) 약

10 mL를 가해 수욕상에서 완전 증발건고시킨다. 이 건고물에 염산용액(1→4) 약 8~10 mL를 가해 수분 가열 후, 100 mL 메스플라스크에 여과한다. 불용물은 여과지와 같이 사용했던 회화용기에 옮겨 건고한 후 다시 회화한다. 이 회분을 물로 적시어 염산용액(1→4) 약 2 mL를 가해 물 약 5 mL로 희석한 후 수욕상에서 가온하고, 여과한 액을 앞의 100 mL 메스플라스크에 채워 물을 가하여 100 mL로 하여 시험용액으로 한다.

(2) 습식분해

검체를 강산과 혼합하여 가열분해한다.

검체를 표 5-8과 같이 200~300 mL 분해 플라스크에 취하여 질산 5 mL를 가하여 서서히 약하게 가열하고 최초의 심한 반응이 끝난 후 다시 온도를 올려 가열시킨다. 질산이 휘산되어 내용물이 거의 건고될 때까지 가열하고 질산용액(1→2) 10 mL와 70 % 과염소산 10 mL를 가하여 가열을 조절하면서 서서히 가열시킨다. 고형물이 완전히 용해되고 액이 거의 무색이 될 때까지 가열을 계속하여 분해한다. 만약, 액이 착색되어 있으면, 70 % 과염소산 수 mL를 가하여 가열한다. 분해 후 냉각하고 소량의 물로 희석한 후 직경이 9 cm의 자제증발접시에 액을 씻어 옮기고 증발건고하여 과염소산을 증발시킨다. 잔류물에 염산용액(1→2) 약 10 mL를 가하고 동량의 물로 희석시켜 수욕상에서 가온하여 완전히 녹인 후 100 mL 메스플라스크에 옮겨 물을 가하여 전량을 100 mL로 하여 시험용액으로 한다.

표 5-8. 검체 채취량

무기성분 종 류	칼슘(Ca)	채취량	인(P)	채취량	철(Fe)	채취량
쌀(米)류	2~15 mg[a]	20~50 g	5~300 mg[a]	1~10 g	0.1~3.5 mg[a]	
잡곡류	4~53	5~30	25~360	1~5	0.3~5.0	
감자	5~97	5~30	5~74	2~10	0.3~2.5	
곤약류 과자	2~200	1~50	0~200	1~20	0.3~4.0	
당류	1~58	5~50	1~14	5~20	0.1~2.3	
유지류	1~10	20~50	0~20	5~20	0.1~0.4	
두류	15~300	1~20	43~710	1~2	1.1~11.0	함유량이
종실류	3~282	1~40	15~970	1~5	1.0~16.0	10 mg이하
수조육류	2~58	5~50	21~400	1~5	0.9~16.0	의 것은
난류	10~150	2~20	11~570	1~5	0.1~6.3	10 g이상
유류	50~150	2~5	25~980	1~5	0.1~1.0	
채소류	3~440	1~40	5~240	1~10	0.1~10.0	
과실류	2~83	5~50	4~130	1~10	0.1~4.0	
버섯류	0~16	20~50	15~240	1~5	0.5~3.9	
해초류	115~1,700	1~2	8~600	1~5	4.0~140.0	
조미류	5~553	1~30	10~340	1~5	1.1~45.0	
a) 식품 100 g중에 함유한 mg 수임						

2) 칼슘

영아용 조제식, 성장기용 조제식 등에 적용한다.

(1) 과망간산칼륨 용량법

① 분석원리

과망간산칼륨 용량법은 Ca를 함유하는 용액에 수산염을 첨가해두고, 물에 매우 난용성인 수산칼슘 $CaC_2O_4 \cdot H_2O$로서 침전시키고 이 침전을 H_2SO_4에 녹여 용액내의 수산을 $KMnO_4$ 용액으로 적정하여 정량하는 방법이다.

② 시약 및 시액

ⓐ 수산암모늄용액 : 수산암모늄[$(NH_4)_2C_2O_4$] 3.0 g을 물을 가하여 100 mL로 한다.

ⓑ 메틸레드지시약 : 0.1 % 메틸레드알코올용액

ⓒ 요소 : 특급요소 70~80 ℃의 저온으로 건조한 다음 흡습하지 않도록 보존한다.

ⓓ 세척용암모니아수(1→50)

ⓔ 황산용액(1→25)

ⓕ 0.02 N 과망간산칼륨용액

③ 시험조작

무기성분 시험용액 조제에서 얻은 시험용액 중에 40 mL(Ca 1~12 mg에 대응하는 양)를 200 mL의 비커에 취하여 메틸레드시액 수방울 및 수산암모늄용액 10 mL를 가한 다음 요소 2~5 g을 가해 녹인다. 비커를 시계접시로 덮고 약하게 가열을 계속시킨다. 메틸레드시액을 색이 적색에서 등황색으로 (pH 약 5.6) 되었을 때 가열을 중지하고 방냉한다. 이를 2시간 이상(침전이 적을 때는 하룻밤) 실온으로 방치한다. 이때의 액량은 약 20~30 mL정도이다. 충분히 침전을 형성시킨 후 석출전 수산칼슘 결정을 유리여과기(15 AG-4)로 흡입여과하고 세척용 암모니아수 30~40 mL를 수회 나누어 침전과 여과지를 잘 씻는다. 세척이 끝나면 침전 생성에 사용한 비커를 앞의 유리여과기의 밑에 놓고 여과에 사용한 유리봉을 유리여과기에 넣어 미리 70 ℃이상으로 가온한 황산용액(1→25)을 유리여과기에 주입한다. 유리봉으로 교반하여 잠시 방치하고 수산칼슘을 용해한 다음 흡입한다. 다음 흡입을 그치고 가온한 황산용액(1→25) 약 5~7 mL를 유리여과기에 주입하고 유리봉으로 교반하여 내벽을 씻고 흡입한다. 이 조작을 2회 반복한다. 비커를 여과장치에서 들어내고 65~80 ℃로 가열하여 0.02 N 과망간산칼륨용액으로 적정한다. 공시험에 대하여도 같은 조작을 한다.

④ 계산방법

$$\text{칼슘(mg/100 g)} = \frac{(b-a)\times 0.4008\times F\times V\times 100}{S}$$

a : 공시험에 대한 0.02 N 과망간산칼륨용액의 소비 mL 수

b : 검액에 대한 0.02 N 과망간산칼륨용액의 소비 mL 수

F : 0.02 N 과망간산칼륨용액의 역가

V : 시험용액의 희석배수

S : 검체의 채취량(g)

(2) 원자흡광광도법

제10. 일반시험법 1.2 미량영양성분시험법 1.2.1 무기성분 1.2.1.1 시험용액의 조제에 따라 처리한 검체를 물 대신 1 N 염산용액을 사용하여 칼슘농도 1~5 μ g/mL가 되도록 조정하여 제10. 일반시험법 7.1.2.1 납 2) 측정 가) 원자흡광광도법에 따라 측정한다. 이 때 사용될 1 N 염산용액에는 La으로서 1,000 ppm이 되도록 염화란탄($LaCl_3$)을 첨가하거나 또는 Sr으로서 5,000 ppm이 되도록 염화스트론티움($SrCl_2$)을 첨가하여 사용한다.

3) 인(몰리브덴청 비색법)

(1) 시험법 적용범위

영아용 조제식, 성장기용 조제식 등 식품에 적용한다.

(2) 분석원리

산성조건하에서 검체용액중의 인산염(PO_4^{3-})과 몰리브덴산암모늄($(NH_4)_6 Mo_7O_{24}$)이 결합하여 $(NH_4)_2HPO_3$ · 6Mo · $2H_2O$를 생성하고, 이를 환원제(하이드로퀴논용액)로 환원하여 heteropoly 화합물(phospho-molybdenum blue)의 청색을 비색하는 것이다.

(3) 시약 및 시액

① 모리브덴산암모늄용액

모리브덴산암모늄$(NH_4)_6Mo_7O_{24}$ · H_2O 25 g을 물 300 mL에 녹인다. 따로 황산 75 mL를 물 200 mL로 희석하여 이것을 상기 용액에 가하고 여과한다.

② 하이드로퀴논용액

하이드로퀴논($C_6H_6O_2$) 0.5 g을 물을 가하여 100 mL로 한다. 여기에 황산 한 방울을 가하여 냉소에 저장한다. 만일 착색되면 다시 만들어 사용한다.

③ 아황산나트륨용액

약 10 % 용액 · 무수아황산나트륨 10 g을 물을 가하여 100 mL로 하여 여과한다. 사용할 때 새로 만든다.

④ 표준인용액

미리 데시케이터 중에서 건조해 놓은 산성인산칼륨(KH_2PO_4) 0.4394 g을 물을 가하여 1 L로 한다. 이 액 50 mL를 취하여 다시 물을 가하여 200 mL로 한다. 이 액 1 mL는 0.025 mg의 P를 함유한다.

(4) 시험조작

무기성분 시험용액의 조제에서 얻은 시험용액 중의 1 mL를 25 mL 메스플라스크에 정확히 취하고 따로 표준인용액 2 mL를 25 mL 메스플라스크에 취한다.

양쪽 플라스크에 모리브덴산암모늄용액 2 mL씩을 가하여 혼합하여 수분간 방치한다.

다음 양쪽에 하이드로퀴논용액 2 mL씩을 가하여 혼합한 후 아황산나트륨용액 2 mL를 가해 이때에 시간을 기록한다. 양쪽 다 물을 가하여 25 mL로 하여 진탕 혼합한다. 정확하게 30분 방치한 후 즉시 분광광도계를 사용하여 파장 650 nm에서 흡광도를 측정한다. 공시험에 대하여도 같은 조작을 한다.

(5) 계산방법

$$\text{인(mg/100 g)} = 0.05 \times \frac{A}{As} \times \frac{1}{S} \times V \times 100$$

As : 표준용액의 흡광도

A : 검액의 흡광도

S : 검체의 채취량(g)

V : 시험용액의 희석배수

4) 철

(1) 올쏘 페난트로린 비색법

① 분석원리

Ortho-phenanthroline($C_{12}H_8N_2$)은 일정 범위의 pH하에서 검체용액 중에 있는 Fe^{2+} 1원자와 O-phenanthroline 3분자가 정량적으로 반응하여 적색의 착화합물 $[(C_{12}H_8N_2)_3 \cdot Fe^{2+}]$을 생성한다. 이 적색의 농도는 Fe 100~200 γ , pH 2.9~9.0 사이에서 Fe의 농도와 비례하므로 비색정량에 의해 검체 중의 Fe 함량을 구할 수 있다.

② 시약 및 시액

ⓐ 페난트로린용액 : 올쏘 페난트로린 염산염($C_{12}H_8N_2 \cdot HCl \cdot H_2O$) 0.5 g을 물을 가하여 200 mL로 하여 냉소에 보존한다.

ⓑ 하이드로퀴논용액 : 하이드로퀴논($C_2H_6O_2$)을 물에 녹여 쓰며 사용할 때마다 새로 만들어야 한다(희석배수 1 %).

ⓒ 구연산나트륨용액 : 특급 구연산나트륨($Na_3C_6H_5O_7 \cdot H_2O$) 50 g을 물을 가하여 200 mL로 한다. 필요하면 여과하여 냉소에 보존한다.

ⓓ 브롬페놀블루시액 : 브롬페놀블루 0.1 g을 0.05 N 수산화나트륨액 3 mL로 녹이고 물을 가하여 250 mL로 한다.

ⓔ 철표준액 : 특급 황산제1철 암모늄$[Fe(NH_4)_2(SO_4)_2 \cdot 6H_2O]$ 0.7021 g을 약 1 %의 염산에 용해하여 1 L로 한다. 이 액 1 L 중에는 철 0.1 mg을 함유한다.

(2) 시험조작

시험용액의 조제에서 얻은 시험용액중의 10 mL를 피펫으로 25 mL의 메스플라스크에 취하고 같은 10 mL를 시험관(혹은 작은 삼각플라스크)에 취한다.

후자는 pH조절용 대조액으로 쓴다. 시험관쪽에는 브롬페놀블루시액 4 방울을 가하고 25 mL 메스플라스크 쪽에는 하이드로퀴논용액 1 mL와 또 페난트로린용액 2 mL를 피펫으로 가한다. 구연산나트륨용액을 뷰렛 또는 5 mL 메스피펫으로 취하여 시험관의 액중에 적가하고 액의 pH가

3.5가 되면 지시액을 가한 액의 색이 황색에서 황록색으로 변하는 점에서 적가를 그치고 이때까지 소요된 구연산나트륨용액의mL수를 기록한다.

이와 같은 용량의 구연산나트륨용액을 메스플라스크 쪽에 가하여 물로 25 mL의 표선까지 희석하여 20 ℃이상의 온도에서 1시간이상 방치한다. 하룻밤 방치해도 무방하다. 일단, 완전히 발색된 액은 적어도 48시간은 퇴색하지 않는다.

① 기기 측정조건

분광광도계(Spectrophotometer)에서는 510 nm의 파장에서, 광전비색계에서는 녹색휠타를 이용해서 발색액의 흡광도를 측정하여 비흡광계수를 구한다. 이것을 미리 작성하여 놓은 검량선과 대조하여 철의 양을 구한다.

② 검량선 작성

검량선은 다음과 같이 하여 만든다. 즉, 철 표준액을 물로 정확히 10배로 희석한다. 1, 2, 5, 10, 15 및 20 mL를 각각 1조씩 25 mL의 메스플라스크와 시험관 또는 작은 삼각플라스크에 취한다. 10 mL가 안되는 것은 물을 추가하여 거의 10 mL로 만든다. 상기 발색조작과 동일하게 pH 3.5에서 각 메스플라스크에서 발색시켜 흡광도를 측정하며, 농도 흡광곡선을 작성한다.

(3) 계산방법

$$철(mg/100\ g) = \frac{A}{S} \times V \times 100$$

A : 흡광곡선에서 구한 철의 양(mg)

S : 검체채취량(g)

V : 시험용액의 희석배수

(4) 원자흡광광도법

제10. 일반시험법 1.2 미량성분시험법 1.2.1 무기성분 1.2.1.1 시험용액의 조제에 따라 처리한 검체를 물 대신 1 N 염산용액을 사용하여 철 농도 1~4 μ g/mL가 되도록 조정하여 제10. 일반시험법 7.1.2.1 납 2) 측정 가. 원자흡광광도법에 따라 측정한다.

2장.

미생물분석(microbiological analysis) (식품공전)

식품공전(食品公典)의 식품접객업소(집단급식소 포함)의 조리식품 관련

1. 미생물시험법

미생물학적 검사를 위해서는 반드시 모든 과정이 무균적으로 수행되어야 하며 동시에 시험과정 중의 교차오염을 방지하기 위해 실험실내는 항상 청결을 유지하여야 한다

1) 검체채취의 일반사항

① 검체 채취기구는 미리 핀셋, 시약스푼 등을 몇 개씩 건열 및 화염멸균을 한 다음 검체 1건마다 바꾸어 가면서 사용하여야 한다.

② 검체가 균질한 상태일 때에는 어느 일부분을 채취하여도 무방하나 불균질한 상태일 때에는 여러 부위에서 일반적으로 많은 양의 검체를 채취하여야 한다.

③ 미생물학적 검사를 하는 검체는 잘 섞어도 균질하게 되지 않을 수 있기 때문에 실제와는 다른 검사 결과를 가져올 경우가 많다.

④ 미생물학적 검사를 위한 검체의 채취는 반드시 무균적으로 행하여야 한다.

⑤ 기타 제반사항은 제9. 검체의 채취 및 취급방법을 참고하여 따른다.

2) 기구 및 재료

① 무균대(Clean bench)

② 고압멸균기(Autoclave)

③ 원심분리기(Centrifuger)

④ 교반기(Stirrer)

⑤ 건조기(Dry Oven)

⑥ 배양기(Incubator), CO2 배양기, 혐기배양 Jar

⑦ 항온수조(Water Bath, 자동온도 조절기능함유)

⑧ 균질기(Stomacher 또는 Homogenizer)

⑨ 냉동 및 냉장고(−70 ℃ Freezer 포함)

⑩ 초순수 제조장치(Ultra Pure Water System)

⑪ 집락계산기(Colony Counter)

⑫ 수소이온농도측정기(pH meter)

⑬ 피펫(1 mL, 5 mL, 10 mL 등)

⑭ 시험관(Test Tube, 18 × 170 mm 등),

⑮ 발효관(Durham tube, Smith tube),

⑯ 페트리접시(Petridish)

⑰ 광학현미경(Optical microscope)

⑱ 슬라이드/커버 글라스

⑲ 알코올램프, 백금이, 백금선 등

⑳ 표준항혈청(대장균, 살모넬라, 리스테리아 등)

㉑ Guinea pig(250~300 g), 마우스(12~15 g)

3) 시험용액의 제조

① 채취한 검체는 희석액을 이용하여 필요에 따라 10배, 100배, 1,000배 등 단계별 희석용액을 만들어 사용할 수 있다.

② 희석액은 멸균생리식염수, 멸균인산완충액 등을 사용할 수 있다. 단, 별도의 시험용액 제조법이 제시되는 경우 그에 따른다.

③ 검체를 용기 포장한 대로 채취할 때에는 그 외부를 물로 씻고 자연 건조시킨 다음 마개 및 그 하부 5~10 cm의 부근까지 70 % 알코올 탈지면으로 닦고, 화염멸균한 후 냉각하고 멸균한 기구로 개봉, 또는 개관하여 2차 오염을 방지하여야 한다.

④ 지방분이 많은 검체의 경우는 Tween 80과 같은 세균에 독성이 없는 계면활성제를 첨가하는 것이 좋다.

⑤ 실험을 실시하기 직전에 잘 균질화 하고 검사검체에 따라 다음과 같이 시험용액을 제조한다.

ⓐ 액상검체 : 채취된 검체를 강하게 진탕하여 혼합한 것을 시험용액으로 한다.

ⓑ 반유동상검체 : 채취된 검체를 멸균 유리봉 또는 시약스푼 등으로 잘 혼합한 후 그 일정량(10~25 mL)을 멸균용기에 취해 9배 양의 희석액과 혼합한 것을 시험용액으로 한다.

ⓒ 고체검체 : 채취된 검체의 일정량(10~25 g)을 멸균된 가위와 칼 등으로 잘게 자른 후 희석액을 가해 균질기를 이용해서 가능한 한 저온으로 균질화한다. 여기에 희석액을 가해서 일정량(100~250 mL)으로 한 것을 시험용액으로 한다.

ⓓ 고체표면검체 : 검체표면의 일정면적(보통 100 cm^2)을 일정량(1~5 mL)의 희석액으로 적신 멸균거즈와 면봉 등으로 닦아내어 일정량(10~100 mL)의 희석액을 넣고 강하게 진탕하여 부착균의 현탁액을 조제하여 시험용액으로 한다.

ⓔ 분말상검체 : 검체를 멸균 유리봉과 멸균 시약스푼 등으로 잘 혼합한 후 그 일정량(10~25 g)을 멸균용기에 취해 9배 양의 희석액과 혼합한 것을 시험용액으로 한다.

ⓕ 버터와 아이스크림류 : 버터와 아이스크림류는 40 ℃이하의 온탕에서 15분 내에 용해시켜 10 mL를 취한 후 희석액을 가하여 100 mL로 한 것을 시험용액으로 한다.

ⓖ 캡슐제품류 : 캡슐을 포함하여 검체의 일정량(10~25 g)을 취한 후 9배 양의 희석액을 가해 균질기 등을 이용하여 균질화한 것을 시험용액으로 한다.

ⓗ 냉동식품류 : 냉동상태의 검체를 포장된 상태 그대로 40 ℃

이하에서 될 수 있는대로 단시간에 녹여 용기, 포장의 표면을 70 % 알코올솜으로 잘 닦은 후 상기 가)~사)의 방법으로 시험용액을 조제한다.

ⓘ 칼 · 도마 및 식기류 : 멸균한 탈지면에 희석액을 적셔, 검사하고자 하는 기구의 표면을 완전히 닦아낸 탈지면을 멸균용기에 넣고 적당량의 희석액과 혼합한 것을 시험용액으로 사용한다.

4) 배지 및 시액

(1) 배지

미생물 실험을 위한 배지조제 시 이미 상품화된 배지의 사용이 가능하며, 사용할 경우 각 제조사별 조제법을 따를 수 있다.

① 표준한천배지(Plate Count Agar)

Tryptone	5.0 g
Yeast Extract	2.5 g
Dextrose	1.0 g
Agar	15.0 g

위의 성분에 증류수 1,000 mL에 녹여 pH 7.0±0.2로 조정한 후 121 ℃로 15분간 멸균한다.

② 유당배지(Lactose Broth)

Peptone	5.0 g
Beef Extract	3.0 g
Lactose	5.0 g

위의 성분을 증류수 1,000 mL에 녹여 pH 6.9±0.2로 조정한 후 발효관을 넣은 시험관에 10 mL씩 분주하여 121 ℃에서 15분간 멸균한다.

③ BGLB배지(Brilliant Green Lactose Bile Broth)

Peptone	10.0 g
Lactose	10.0 g
Oxgall	20.0 g

Brilliant green	0.0133 g

위의 성분을 증류수 1,000 mL에 녹여 pH 7.2±0.1로 조정한 후 발효관을 넣은 시험관에 10 mL씩 분주하여 121 ℃에서 15분간 멸균한다.

④ 두배농도 BGLB배지(Brilliant Green Lactose Bile Broth)

Peptone	20.0 g
Lactose	20.0 g
Oxgall	40.0 g
Brilliant green	0.0266 g

위의 성분을 증류수 1,000 mL에 녹여 pH 7.2±0.1로 조정한 후 발효관을 넣은 시험관에 10 mL씩 분주하여 121 ℃에서 15분간 멸균한다.

⑤ Endo 한천배지(Endo Agar)

Peptone	10.0 g
Lactose	10.0 g
Dipotassium Phosphate	3.5 g
Sodium Sulfite	2.5 g
Basic Fuchsin	0.5 g
Agar	15.0 g

위의 성분을 증류수 1,000 mL에 녹여 pH 7.4±0.2로 조정한 후 121 ℃에서 15분간 멸균한다.

⑥ EMB 한천배지(Eosine Methylene Blue Agar)

Peptone	10.0 g
Lactose	5.0 g
Sucrose	5.0 g
Dipotassium Phosphate	2.0 g
Eosin Y	0.4 g
Methylene Blue	0.065 g
Agar	13.5 g

위의 성분을 증류수 1,000 mL에 녹여 pH 6.8±0.2로 조정한 후 121 ℃에서 15분간 멸균한다.

⑦ 보통배지(Nutrient Broth)

Peptone	5.0 g
Beef Extract	3.0 g

위의 성분을 증류수 1,000 mL에 녹여 pH 7.0~7.4로 조정한 후 12 1 ℃에서 15분간 멸균한다.

⑧ 보통한천배지(Nutrient Agar)

Peptone	5.0 g
Beef Extract	3.0 g
Agar	15.0 g

위의 성분을 증류수 1,000 mL에 녹여 pH 6.8±0.2로 조정한 후 121 ℃에서 15분간 멸균한다.

⑨ 데스옥시콜레이트유당한천배지(Desoxycholate Lactose Agar)

Peptone	10.0 g
Lactose	10.0 g
Sodium Chloride	5.0 g
Sodium Citrate	2.0 g
Sodium Desoxycholate	0.5 g
Neutral Red	0.03 g
Agar	15.0 g

위의 성분을 증류수 1,000 mL에 녹여 pH 7.3~7.5로 조정한 후 1분간 가열한다. 단, 고압증기멸균을 해서는 안 된다.

⑩ EC 배지(EC Broth)

Peptone	20.0 g
Lactose	5.0 g
Bile Salt Mixture	1.5 g
Dipotassium Phosphate	4.0 g
Monopotassium Phosphate	1.5 g
Sodium Chloride	5.0 g

위의 성분을 증류수 1,000 mL에 녹여 pH 6.9±0.2로 조정한 후 발효관을 넣은 시험관에 10 mL 씩 분주하여 121 ℃에서 15분간 멸균한다.

5) 세균수

세균수 측정법은 일반세균수를 측정하는 표준평판법 및 건조필름법을 원칙적으로 사용한다. 기타 세균수 측정법으로는 저온에서 생육하는 세균을 측정하는 저온세균수 측정법, 호기성 아포형성균을 측정하는 내열성 세균수 측정법, 총균수를 측정하는 직접현미경법 등이 있다.

(1) 일반세균수

① 표준평판법

표준한천배지에 검체를 혼합 응고시켜 배양 후 발생한 세균 집락수를 계수하여 검체 중의 생균수를 산출하는 방법이다.

ⓐ 시험조작

3.3 제조법에 따른 시험용액 1 mL와 10배 단계 희석액 1 mL씩을 멸균 페트리접시 2매 이상씩에 무균적으로 취하여 약 43~45 ℃로 유지한 표준한천배지(배지 1) 약 15 mL를 무균적으로 분주하고 페트리접시 뚜껑에 부착하지 않도록 주의하면서 조용히 회전하여 좌우로 기울이면서 검체와 배지를 잘 혼합하여 응고시킨다.

확산집락의 발생을 억제하기 위하여 다시 표준한천배지 3~5 mL를 가하여 중첩시킨다. 이 경우 검체를 취하여 배지를 가할 때까지의 시간은 20분 이상 경과하여서는 안된다. 응고시킨 페트리접시는 거꾸로 하여 35~37 ℃에서 24~48시간(검체에 따라서는 35~37 ℃에서 72±3시간) 배양한다. 검액을 가하지 아니한 동일 희석액 1 mL를 대조시험액으로 하여 시험조작의 무균여부를 확인한다.

ⓑ 집락수 산정

배양 후 즉시 집락 계산기를 사용하여 생성된 집락수를 계산한다. 부득이할 경우에는 5 ℃에 보존시켜 24시간 이내에 산정한다. 집락수의 계산은 확산집락이 없고(전면의 1/2이하 일 때에는 지장이 없음) 1개의 평판당 30~300개의 집락을 생성한 평판을 택하여 집락수를 계산하는 것을 원칙으로 한다. 전 평판에 300개 이상 집락이 발생한 경우 300에 가까운 평판에 대하여 밀집평판 측정법에 따라 안지름 9 cm의 페트리접시인 경우에는 1 cm^2내의 평균집락수에 65를 곱하여 그 평판의 집락수로 계산한다. 전 평판에 30개 이하의 집락만을 얻었을 경우에는 가장 희석배수가 낮은 것을 측정한다.

ⓒ 세균수의 기재보고

표준평판법에 있어서 검체 1 mL 중의 세균수를 기재 또는 보고할 경우에 그것이 어떤 제한된 것에서 발육한 집락을 측정한 수치인 것을 명확히 하기 위하여 1평판에 있어서의 집락수는 상당 희석배수로 곱하고 그 수치가 표준평판법에 있어서 1 mL 중(1 g 중)의 세균수 몇 개라고 기재보고하며 동시에 배양온도를 기록한다. 숫자는 높은 단위로부터 3단계에서 반올림하여 유효숫자를 2단계로 끊어 이하를 0으로 한다.

② 건조필름법

ⓐ 시험조작

3.3 제조법에 따른 시험용액 1 mL와 각 10배 단계 희석액 1 mL를 세균수 건조필름배지(배지 53)에 접종한 후 35~37 ℃에서 24~48시간 배양한 후 생성된 붉은 집락수를 계산하고 그 평균집락수에 희석배수를 곱하여 일반세균수로 한다.

(2) 저온세균수

저온세균은 보통 20~25 ℃의 저온에서 비교적 신속하게 발육하는 세균을 말한다.

ⓐ 시험조작

3.5.1 일반세균수 가. 표준평판법에 준하여 실시한다. 다만 배양조건을 25±1 ℃에서 72±3시간으로 한다.

(3) 내열성세균수(세균아포수)

내열성 세균수는 다음의 처리 및 배양조건에서 발생한 호기성 아포형성균의 집락수로부터 산출된 수를 말한다.

ⓐ 시험조작

3.3 제조법에 따른 시험용액 20 mL를 멸균중형시험관(18×170 mm)에 넣고 끓는 물속에 10분간 넣어 가열한 후 3.5.1 일반세균수 가. 표준평판법에 준하여 실시한다. 다만 배양조건을 35~37 ℃에서 48±3시간으로 한다.

(4) 총균수

주로 생유 중 오염된 세균을 측정하기 위하여 일정량의 생유를 슬라이드그라스위에 일정면적으로 도말하고 건조시켜 염색한 후 현미경으로 검경하고 염색된 세균수를 측정한다. 측정된 세균수를 현미경 시야 면적과의 관계에 따라 검체 중에 존재하는 세균수를 측정하는 방법이다.

ⓐ 표본제작

검체를 그 용기와 같이 25회 이상 잘 흔들어 우유세균검사용 마이크로피펫으로 검액 적당량을 흡입시키고 백포(백색헝겊)로 피펫 외벽에 부착한 우유를 깨끗이 씻은 다음 피펫내의 우유를 그 선단으로부터 백포를 사용하여 흡인시키면서 정확히 0.01 mL로 하고 그 전부를 슬라이드글라스 위에 방출하고 도말침을 사용하여 1 cm^2 면적에 도말하고 약 5분간 가온하여 건조시킨 다음, 뉴만염색액(시액 3)중에 순간적으로 적셔서 염색하고 남은 액을 즉시 흔들어 떨어뜨린 다음 건조시켜 물로 씻고 다시 건조시켜 표본을 만든다.

ⓑ 측정

유침렌즈를 장치한 현미경을 미리 대물측미계를 사용하여 시야의 직경을 0.206 mm로 조절하고 여기에 위에서 제작한 표본을 장착하고 그 도말면의 중심을 통과하는 직선상의 등간격의 16시야에 모든 세균수를 측정하고 1시야 중에 대한 평균수를 구한다.

여기에 30만을 곱한 수의 첫째자리 숫자로부터 3째 자리에서 반올림하여 상위 2단위 수로 표시한다. 1시야에 나타난 세균의 수를 측정하는 방법은 다음과 같다.

① 개체법

1시야에 나타난 세균이 균괴를 형성하였을 때 그것이 쌍쌍을 이루고 있거나 연쇄상을 이루고 있는 세균은 1개씩 측정한다. 균괴로 되어 있을 때에는 개개의 균을 눈으로 보아 균을 구별할 수 없을 때에는 1개로 측정한다.

② 균괴법(Group Count)

1시야에 나타난 세균이나 균괴를 형성하고 있을 때 즉, 쌍쌍 또는 연쇄균괴를 형성하고 있을 때에는 각각 1균을 1개로 계산한다. 그러나 옆에 인접한 균 또는 균괴가 최소의 균경(균의 지름)에 2배이상 떨어져 있을 때에는 별도균의 Clamp로 측정한다. 따라서 떨어져 있는 1개의 균은 Clamp로서 측정하는 것으로 한다.

6) 세균발육시험

통 · 병조림, 레토르트 등 멸균제품에서 세균의 발육유무를 확인하기 위한 것이다.

(1) 가온보존시험

검체 3관(또는 병)을 항온기에서 35~37 ℃에서 10일간 보존한 후, 상온에서 1일간 추가로 방치한 후 관찰하여 용기 · 포장이 팽창 또는 새는 것은 세균발육 양성으로 하고 가온보존시험에서 음성인 것은 다음의 세균시험을 한다.

(2) 세균시험

① 시험용액의 조제

검체 3관(또는 병)의 개봉부의 표면을 70 % 알코올탈지면으로 잘 닦고 개봉하여 검체 25 g을 희석액 225 mL에 가하여 균질화 시킨다. 이 액의 1 mL를 멸균시험관에 채취하고 희석액 9 mL에 가하여 잘 혼합한 것을 시험용액으로 한다.

② 시험법

시험용액을 1 mL씩 5개의 티오글리콜린산염 배지(배지 13)에 접종하여 35~37 ℃에서 48±3시간 배양한 후 세균증식이 확인된 것을 세균발육 양성으로 한다.

7) 대장균군

대장균군은 Gram음성, 무아포성 간균으로서 유당을 분해하여 가스를 발생하는 모든 호기성 또는 통성 혐기성세균을 말한다. 대장균군 시험에는 대장균군의 유무를 검사하는 정성시험과 대장균군의 수를 산출하는 정량시험이 있다.

(1) 정성시험

① 유당배지법

유당배지를 이용한 대장균군의 정성시험은 추정시험, 확정시험, 완전시험의 3단계로 나눈다

1.3 제조법에 따른 시험용액 10 mL를 2배 농도의 유당배지(배지 2)에, 시험용액 1 mL 및 0.1 mL를 유당배지(배지 2)에 각각 3개 이상씩 가한다.

ⓐ 추정시험

시험용액을 접종한 유당배지(배지 2)를 35~37 ℃에서 24±2시간 배양한 후 발효관내에 가스가 발생하면 추정시험 양성이다. 24±2시간 내에 가스가 발생하지 아니하였을 때에 배양을 계속하여 48±3시간까지 관찰한다. 이 때까지 가스가 발생하지 않았을 때에는 추정시험 음성이고 가스발생이 있을 때에는 추정시험 양성이며 다음의 확정시험을 실시한다.

ⓑ 확정시험

추정시험에서 가스 발생한 유당배지발효관으로부터 BGLB 배지(배지 3)에 접종하여 35~37 ℃에서 24±2시간 동안 배양한 후 가스발생 여부를 확인하고 가스가 발생하지 아니하였을 때에는 배양을 계속하여 48±3시간까지 관찰한다. 가스발생을 보인 BGLB 배지(배지 3)로부터 Endo 한천배지(배지 5) 또는 EMB 한천배지(배지 6)에 분리 배양한다. 35~37 ℃에서 24±2시간 배양 후 전형적인 집락이 발생되면 확정시험 양성으로 한다. BGLB 배지에서 35~37 ℃로 48±3시간 동안 배양하였을 때 배지의 색

이 갈색으로 되었을 때에는 반드시 완전시험을 실시한다.

(3) 완전시험

대장균군의 존재를 완전히 증명하기 위하여 위의 평판상의 집락이 그람음성, 무아포성의 간균임을 확인하고, 유당을 분해하여 가스의 발생 여부를 재확인한다. 확정시험의 Endo 한천배지(배지 5)나 EMB한천배지(배지 6)에서 전형적인 집락 1개 또는 비전형적인 집락 2개 이상을 각각 유당배지발효관과 보통한천배지(배지 8)에 접종하여 35~37 ℃에서 48±3시간 동안 배양한다. 이때 가스를 발생한 발효관에 해당되는 한천배지의 집락에 대하여 그람음성, 무아포성 간균이 증명되면 완전시험은 양성이며 대장균군 양성으로 판정한다.

ⓐ BGLB 배지법

1.3 제조법에 따른 시험용액 1~0.1 mL를 2개씩 BGLB 배지(배지 3)에 가한다. 대량의 시험용액을 가할 필요가 있을 때에는 대량의 배지를 넣은 발효관을 사용한다.

시험용액을 넣은 BGLB 배지(배지 3)을 35~37 ℃에서 48±3시간 배양한 후 가스 발생을 인정하였을 때에는(배지를 흔들 때 거품 모양의 가스의 존재를 인정하였을 때에도) Endo 한천배지(배지 5) 또는 EMB 한천배지(배지 6)에 분리 배양한다. 이하의 조작은 가. 유당배지법의 확정시험 또는 완전시험 때와 같이 행하여 대장균군의 유무를 확인한다.

ⓑ 데스옥시콜레이트 유당한천 배지법

1.3 제조법에 따른 시험용액 1 mL와 10배 단계 희석액 1 mL씩을 멸균 페트리접시 2매 이상씩에 무균적으로 취하고 약 43~45 ℃로 유지한 데스옥시콜레이트 유당한천배지(배지 9) 약 15 mL를 무균적으로 분주하고 페트리접시 뚜껑에 부착하지 않도록 주의하면서 회전하여 검체와 배지를 잘 혼합한 후 응고 시킨다. 그리고 그 표면에 동일한 배지 또는 보통한천배지를 3~5 mL를 가하여 중첩시킨다. 이것을 35~37 ℃에서 24±2 시간 배양 한 후 전형적인 암적색의 집락을 인정하였을 때에는 1개 이상의 집락을, 의심스러운 집락일 경우에는 2개 이상을 Endo 한천배지(배지 5) 또는 EMB 한천배지(배지 6)에서 분리 배양한다. 이하의 조

작은 가. 유당배지법의 확정시험 또는 완전시험 때와 같이 행하고 대장균군의 유무를 시험한다.

(4) 정량시험

① 최확수법

최확수란 이론상 가장 가능한 수치를 말하여 동일 희석배수의 시험용액을 배지에 접종하여 대장균군의 존재 여부를 시험하고 그 결과로부터 확률론적인 대장균군의 수치를 산출하여 이것을 최확수(MPN)로 표시하는 방법이다. 최확수는 시험용액 10, 1 및 0.1 mL와 같이 연속해서 3단계 이상을 각각 5개씩(별표 1) 또는 3개씩(별표 2) 발효관에 가하여 배양 후 얻은 결과에 의하여 검체 100 mL중 또는 100 g중에 존재하는 대장균군수를 표시하는 것이다.

예로 검체 또는 희석검체의 각각의 발효관을 5개씩 사용하여 다음과 같은 결과를 얻었다면 최확수표에 의하여 시험검체 100 mL중의 MPN은 94 로 된다. 이 때 접종량이 1, 0.1, 0.01 mL일 때에는 $94 \times 10 = 940$으로 한다.

표 5-9. 최확수법에 의한 대장균군 정량분석_1

시험용액 접종량	10 mL	1 mL	0.1 mL	MPN
가스발생양성관수	5 개	2 개	2 개	94

시험용액 접종이 4단계 이상으로 행하여졌을 때에는 다음 표와 같이 취급한다.

표 5-10. 최확수법에 의한 대장균군 정량분석_2

예	가스발생 양성관수				유효숫자			
	1mL	0.1mL	0.01mL	0.001mL	1mL	0.1mL	0.01mL	0.001mL
Ⅰ	5	5	2	0	-	5	2	0
Ⅱ	5	4	3	0	5	4	3	-
Ⅲ	0	1	0	0	0	1	0	-
Ⅳ	5	3	1	1	5	3	2	-

예 Ⅰ, Ⅱ : 5개 양성을 표시한 최소 접종량부터 시작한다.

예 Ⅲ : 양성을 인정한 접종량을 중간으로 한다.

예 Ⅳ : 최소 유효 접종량 보다 1단계 적은 접종량에서 양성을 인정한 때에는 양성을 인정한 수를 최소유효 접종량의 양성관 수에 더한다(0.001 mL 단계의 양성관의 수를 0.01단계의 양성관의 수에 더함)

ⓐ 유당배지법

1.3 제조법에 따른 시험용액 10, 1, 0.1 mL와 같이 연속해서 3단계 이상을 5개 또는 3개씩의 유당배지(배지 2)에 접종한다. 단, 10 mL를 접종할 때에는 두배농도 유당 배지를 사용하고 0.1 mL 이하를 접종할 필요가 있을 때에는 10배 희석단계액을 각각 1 mL씩 사용한다. 가스발생 발효관 각각에 대하여 추정, 확정, 완전시험을 행하고 대장균군의 유무를 확인한 다음 최확수표로부터 검체 100 mL 또는 100 g중의 대장균군수를 구한다. 이때 시험용액을 가한 배지의 전부 또는 대부분에서 가스발생이 인정되거나 또 최소량을 가한 배지의 전부 또는 대부분이 가스가 발생되지 않도록 접종량과 희석도를 고려하여야 한다

ⓑ BGLB배지법

제조법에 따른 시험용액 10, 1 또는 0.1 mL를 5개 또는 3개씩 BGLB 배지(배지 3)에 각각 접종한다. 단, 10 mL를 접종할 때에는 두배농도 BGLB 배지를 사용하고 0.1 mL 이하를 접종할 필요가 있을 때에는 10배 희석단계액을 각각 1 mL씩 사용한다. 이때 시험용액을 가한 배지의 전부 또는 대부분에서 가스발생이 인정되거나 또 최소량을 가한 배지의 전부 또는 대부분이 가스가 발생되지 않도록 접종량과 희석도를 고려하여야 한다. 이하의 조작은 각 발효관에 대하여 BGLB 배지에 의한 정성시험법에 따라 하고 대장균군의 유무를 확인한 다음 최확수표로부터 검체 100 mL 또는 100 g중의 대장균군수를 산출한다.

② 데스옥시콜레이트유당한천배지법

1.3 제조법에 따른 시험용액 1 mL와 각 10배 단계 희석액 1 mL에 대하여 이 배지에 의한 정성시험법과 같은 조작으로 35~37 ℃에서 24±2시간 배양한 후 생성된 집락중 전형적인 집락 또는 의심스러운 집락에 대하여 정성시험 때와 같은 조작으로 대장균군의 유무를 결정한다. 균수 산출은 1.5.1 일반세균수에 따라 한다.

③ 건조필름법

1.3 제조법에 따른 시험용액 1 mL와 각 10배 단계 희석액 1 mL를 대장균군 건조필름배지(배지 54)에 접종한 후, 35~37 ℃에서 24±2시간 배양하여 생성된 붉은 집락 중 주위에 기포를 형성한 집락수를 계산하고, 그 평균집락수에 희석배수를 곱하여 대장균군 수를 산출한다.

8) 대장균

대장균의 시험법에는 최확수법 및 건조필름법에 의한 정량시험과 일정한 한도까지 균수를 정성으로 측정하는 한도시험법이 있다.

(1) 정성시험

ⓐ 한도시험

1.3 제조법에 따른 시험용액 1 mL를 3개의 EC 배지에 접종하고 44.5±0.2 ℃에서 24±2시간 배양 후 가스발생을 인정한 발효관은 추정시험 양성으로 하고 가스발생이 인정되지 않을 때에는 추정시험 음성으로 한다.

추정시험이 양성일 때에는 해당 EC 발효관으로부터 EMB 배지에 접종하여 35~37 ℃에서 24±2시간 배양한 후 전형적인 집락을 유당배지 및 보통한천배지로 각각 이식한다. 유당배지에 접종한 것은 35~37 ℃에서 48±3시간 배양하고 보통한천배지에 접종한 것은 35~37 ℃에서 24±2시간 배양한다. 유당배지에서 가스발생을 인정하였을 때에는 이에 해당하는 보통한천배지에서 배양된 집락을 취하여 그람염색을 실시하여 그람음성, 무아포성 간균을 확인한 후 생화학 시험을 실시하여 대장균 양성으로 판정한다.

(2) 정량시험

① 최확수법

1.3 제조법에 따른 시험용액 10 mL, 1 mL 및 0.1 mL를 각각 5개 또는 3개의 EC 배지(배지 10) 발효관에 접종한 다음 44.5±0.2 ℃ 항온수조에서 24±2시간 배양한다. 시험용액 10 mL를 첨가할 경우 배농도의 배지 10 mL를 이용한다. 가스발생을 인정한 발효관을 대장균(E. coli) 양성이

라고 판정하고 별표1 또는 별표2 최확수표에 따라 검체 100 g(또는 100 mL)중의 대장균수를 산출한다.

② 건조필름법

1.3 제조법에 따른 시험용액 1 mL와 각 단계 희석액 1 mL를 대장균 건조필름배지(배지 55)에 접종한 후 잘 흡수시키고, 35~37 ℃에서 24~48 시간 배양한 후 생성된 푸른 집락 중 주위에 기포를 형성하고 있는 집락수를 계산하고 그 평균집락수에 희석배수를 곱하여 대장균수를 산출한다.

별표1. 대장균군시험의 최확수표 다음의 희석과 시험관수에 의한 양성수에 대한 최확수와 95 %의 신뢰한계 A-10 mL씩 5개 B-10 mL씩 5개, 1 mL씩 5개, 0.1 mL씩 5개

양 성 관 수 / A / 10 mL씩 5개			MPN 10 mL	MPN의 신뢰한계 / 하한	10 mL씩 5개 상한	B / 1 mL씩 5개	0.1 mL씩 5개		MPN 100 mL	MPN의 신뢰한계 / 하한	상한
0			〈2.2	0	6.0	1	0	2	6	〈0.5	15
1			2.2	0.1	12.6	1	0	3	8	1	19
2			5.1	0.5	19.2	1	1	0	4	〈0.5	11
3			9.2	1.6	29.4	1	1	1	6	〈0.5	15
4			16	3.3	52.9	1	1	2	8	1	19
5			〉16	8.0	∞	1	2	0	6	〈0.5	15
B				MPN의 신뢰한계		1	2	1	8	1	19
10 mL씩 5개	1 mL씩 5개	0.1 mL씩 5개	MPN 100mL	하한	상한	1	2	2	10	2	23
						1	3	0	8	1	19
						1	3	1	10	2	23
0	0	1	2	〈0.5	7	1	4	0	11	2	25
0	0	2	4	〈0.5	11	2	0	0	5	〈0.5	13
0	1	0	2	〈0.5	7	2	0	1	7	1	17
0	1	1	4	〈0.5	11	2	0	2	9	2	21
0	1	2	6	〈0.5	15	2	0	3	12	3	28
0	2	0	4	〈0.5	11	2	1	0	7	1	17
0	2	1	6	〈0.5	15	2	1	1	9	2	21
0	3	0	6	〈0.5	15	2	1	2	12	3	28
1	0	0	2	〈0.5	7	2	2	0	9	2	21
1	0	1	4	〈0.5	11	2	2	1	12	3	28
2	2	2	14	4	34	4	5	1	43	16	124
2	3	0	12	3	28	5	0	0	23	7	70
2	3	1	14	4	34	5	0	1	31	11	89
2	4	0	15	4	37	5	0	2	43	15	114
3	0	0	8	1	19	5	0	3	58	19	144

B			MPN 100 mL	MPN의 신뢰한계		B			MPN 100 mL	MPN의 신뢰한계	
10 mL 씩 5개	1 mL 씩 5개	0.1 mL 씩 5개		하한	10 mL 씩 5개 상한	1 mL 씩 5개	0.1 mL 씩 5개			하한	상한
3	0	1	11	2	25	5	0	4	76	24	180
3	0	2	13	3	31	5	1	0	33	11	93
3	1	0	11	2	25	5	1	1	46	16	120
3	1	1	14	4	34	5	1	2	63	21	154
3	1	2	17	5	46	5	1	3	84	26	197
3	1	3	20	6	60	5	2	0	49	17	126
3	2	0	14	4	34	5	2	1	70	23	168
3	2	1	17	5	46	5	2	2	94	28	219
3	2	2	20	6	60	5	2	3	120	33	281
3	3	0	17	5	46	5	2	4	148	38	366
3	3	1	21	7	63	5	2	5	177	44	515
3	4	0	21	7	63	5	3	0	79	25	187
3	4	1	14	8	72	5	3	1	109	31	253
3	5	0	25	8	75	5	3	2	141	37	343
4	0	0	13	3	31	5	3	3	175	44	503
4	0	1	17	4	46	5	3	4	212	53	669
4	0	2	21	7	63	5	3	5	253	77	788
4	0	3	25	8	75	5	4	0	130	35	302
4	1	0	17	5	46	5	4	1	172	43	486
4	1	1	21	7	63	5	4	2	221	57	698
4	1	2	26	9	78	5	4	3	278	90	849
4	2	0	22	7	67	5	4	4	345	117	999
4	2	1	26	9	78	5	4	5	426	145	1,161
4	2	2	32	11	91	5	5	0	240	68	754
4	3	0	27	9	80	5	5	1	348	118	1,005
4	3	1	33	11	93	5	5	2	542	180	1,405
4	3	2	39	13	106	5	5	3	920	300	3,200
4	4	0	34	12	96	5	5	4	1,600	640	5,800
4	4	1	40	14	108	5	5	5	22,400	800	∞
4	5	0	41	14	110						

별표 2. 3 단계희석(10, 1, 0.1 mL) 시험관 3개씩 시험하였을 때의 양성에 대한 최확수와 95 % 의 신뢰한계

양 성 관 수			MPN 100 mL	MPN 의 신뢰 한계		B			MPN 100 mL	MPN 의 신뢰 한계	
10 mL 씩 3개	1 mL 씩 3개	0.1 mL 씩 3개		하한	10 mL 씩 3개 상한	1 mL 씩 3개	0.1 mL 씩 3개			하한	상한
0	0	0		0		2	0	0	9.1	1.0	36
0	0	1	3		9	2	0	1	14	2.7	37
0	0	2	6			2	0	2	20		
0	0	3	9			2	0	3	26		
0	1	0	3	0.085	13	2	1	0	15	2.8	44
0	1	1	6.1			2	1	1	20		
0	1	2	9.2			2	1	2	27		
0	1	3	12			2	1	3	34		
0	2	0	6.2			2	2	0	21	3.5	47
0	2	1	9.3			2	2	1	28		
0	2	2	12			2	2	2	35		
0	2	3	16			2	2	3	42		
0	3	0	9.4			2	3	0	29		
0	3	1	13			2	3	1	36		
0	3	2	16			2	3	2	44		
0	3	3	19			2	3	3	53		
1	0	0	3.6	0.085	20	3	0	0	23	3.5	120
1	0	1	7.2	0.87	21	3	0	1	39	6.9	130
1	0	2	11			3	0	2	64		
1	0	3	15			3	0	3	95		
1	1	0	7.3	0.88	23	3	1	0	43	7.1	210
1	1	1	11			3	1	1	75	14	230
1	1	2	15			3	1	2	120	30	380
1	1	3	19			3	1	3	160		
1	2	0	11	2.7	36	3	2	0	93	15	380
1	2	1	15			3	2	1	150	30	440
1	2	2	20			3	2	2	210	35	470
1	2	3	24			3	2	3	290		
1	3	0	16			3	3	0	240	36	1,300
1	3	1	20			3	3	1	460	71	2,400
1	3	2	24			3	3	2	1,100	150	4,800
1	3	3	29			3	3	3	22,400	460	

3장.

지방산, 트랜스지방 분석(식품공전)

1. 지방산

1) 제1법

(1) 분석원리

지방질을 메탄올성 수산화나트륨용액으로 처리하여 알칼리염을 만든 후 트리폴루오로보란메탄올을 가하고 가열하여 에스테르화 한다. 생성된 지방산에스테르를 헵탄에 녹여 분석을 행한다.

(2) 장치

기체크로마토그래프 : 불꽃이온화검출기(FID)

(3) 시약 및 시액

① 시약

ⓐ 14 % 트리폴루오로보란메탄올(125 g BF_3/L MeOH)

ⓑ 메탄올성 수산화나트륨용액(0.5 N)

수산화나트륨 2 g을 메탄올 100 mL에 녹인다. 장시간 방치하는 경우 흰 침전(Na_2CO_3)이 생길 수 있으나 이는 무시하여도 된다.

ⓒ 헵탄

ⓓ 내부표준용액 : $C_{11:0}$ triundecanoin 0.01 g을 헵탄에 녹여 10 mL로 한다.

(4) 시험용액의 조제

① 표준용액의 조제

지방산 표준품 약 100 mg을 100 mL 둥근바닥플라스크에 정밀히 취하고 0.5N 메탄올수산화나트륨용액을 약 4 mL 가한다. 플라스크 위에 환류냉각관을 설치하고 5~10분간 수욕상에서 균질한 용액이 얻어질 때까지 가열한다. 그 후 14 % BF_3 약 5 mL를 환류냉각관을 통해 가하고 2분 동안 계속하여 가열한다. 마지막으로 n-헵탄 5 mL를 냉각기를 통해 가하고 1분간 더 가열한다. 항온수조와 냉각기를 제거하고 수 mL의 염화나트륨 포화용액을 가하여 플라스크를 휘저은 후 염화나트륨 포화용액을 더 가하여 헵탄층이 플라스크의 목부분까지 올라오게 한다. 상층에서 약 1 mL의 헵탄을 취한 후 이에 소량의 무수황산나트륨을 가하여 탈수시킨 것을 표준용액으로 한다.

② 시험용액의 조제

ⓐ 지방 및 유지

검체를 둥근바닥플라스크에 정밀히 취하고 0.5 N 메탄올성 수산화나트륨용액을 가한다. 플라스크위에 환류냉각관을 설치하고 5~10분간 수욕상에서 균질한 용액이 얻어질 때까지 가열한다. 그 후 14 % BF_3를 환류냉각관을 통해 가하고 2분 동안 계속하여 가열한다. 마지막으로 n-헵탄 2~5 mL를 냉각기를 통해 가하고 1분간 더 가열한다. 항온수조과 냉각기를 제거하고 수 mL의 염화나트륨 포화용액을 가하여 플라스크를 휘저은 후 염화나트륨 포화용액을 더 가하여 헵탄층이 플라스크의 목부분까지 올라오게 한다. 상층에서 약 1 mL의 헵탄을 취한 후 이에 소량의 무수황산나트륨을 가하여 탈수시킨 것을 시험용액으로 한다.

ⓑ 지방산

검체를 둥근바닥플라스크에 정밀히 취하고 14 % BF_3를 넣은 후 ⓐ 지방과 유지의 "2분동안 계속하여 가열한다." 이후의 과정과 동일하게 조작한 것을 시험용액으로 한다.

주1) 이중결합이 2개 이상인 지방산을 분석하는 경우에는 질소가스를 사용하여 메탄올과 플라스크의 공기를 제거한 후 사용하며, 시험용액은 가능한 한 빨리 분석한다. 장기간 보관할 경우에는 앰플에 넣어 냉동보관하거나 0.005 % BHT를 첨가한다.

주2) 검체의 양은 정확히 채취하여야 하며, 검체의 크기에 따라 플라스크의 크기와 시약의 양을 달리하여야 한다.(기체크로마토그래프 분석의 경우 약 350 mg 정도가 적당하다.)

표 5-11. 검체량별 시약 사용량

검체(mg)	플라스크(mL)	메탄올수산화나트륨(mL)	BF_3시약(mL)
100~250	50	4	5
250~500	50	6	7
500~500	100	8	9
750~1,000	100	10	12

(5) 시험조작

① 기체크로마토그래피 조건

ⓐ 칼 럼 : 5 % DEGS/크로모솔브 W(AW)

ⓑ 주입부온도 : 230 ℃~ 240 ℃

ⓒ 칼럼온도 : 190 ℃~ 195 ℃

ⓓ 검출기온도 : 230 ℃~ 240 ℃

ⓔ 캐리어가스 및 유량 : 질소 40 mL/분

주3) HP-1, Omegawax 등과 같은 모세관 칼럼(capillay column)을 사용할 수도 있다. 이 때 전처리 방법은 위와 동일하며 다만, 검체의 양, 시약의 양, 첨가하는 내부표준물질의 양 및 희석배수를 분석에 맞도록 조절한다. 기기 조건은 나. 제2법의 기기조건을 따른다.

주4) 탄소수가 12이하인 경우에는 칼럼온도가 더 낮아야 하며, 탄소수가 20 이상인 경우에는 주입부, 칼럼, 검출기의 온도가 더 높아야 한다. 다양한 탄소수의 지방산을 한번에 분석할 경우에는 칼럼온도의 승온조작이 필요하다.

(6) 정량시험

시험용액 및 지방산표준용액에 대하여 각각 1~5 μL를 주입하여 기체크로마토그래피를 행하고 이의 머무름 시간을 비교하여 정성을 한다. 정성의 경우와 동일한 조건에서 기체스크로마토그래피를 행하여 얻은 각 지방산의 피크면적, 내부표준물질의 피크면적을 얻고 제2법에 따라 정량을 한다.

2) 제2법

(1) 분석원리

지방질을 메탄올성 수산화나트륨용액으로 처리하여 알칼리염을 만든 후 트리폴루오로보란메탄올을 가하고 가열하여 에스테르화 한다. 생성된 지방산에스테르를 이소옥탄에 녹여 분석을 행한다.

(2) 장치

기체크로마토그래프 : 불꽃이온화검출기(FID)

(3) 시약 및 시액

① 시약

ⓐ 14 % 트리플루오로보란메탄올(125 g BF_3/L MeOH)

ⓑ 메탄올성 수산화나트륨용액(0.5 N) :

수산화나트륨 2 g을 메탄올 100 mL에 녹인다. 장시간 방치하는 경우 흰 침전(Na_2CO_3)이 생길 수 있으나 이는 무시하여도 된다.

ⓒ 이소옥탄 : 기체크로마토그래피용

ⓓ 내부표준용액 : $C_{11:0}$ triundecanoin 0.01 g을 이소옥탄용액에 녹여 10 mL가 되게 한다(1000 μ g/mL).

(4) 시험용액의 조제

① 표준용액의 조제

지방산 표준물질 0.01 g을 이소옥탄에 녹여 1,000 μ g/mL가 되게한다. 내부표준물질 triundecanoic acid methyl ester 0.01 g을 이소옥탄에 녹여 1,000 μ g/mL가 되게 한후 이를 각각 혼합하여 (1:1) 각각이 500 μ g/mL가 되게 하여 표준용액으로 한다.

② 시험용액의 조제

ⓐ 지방 및 유지

검체 약 25 ㎎을 유리 튜브에 정밀히 취하고 내부표준용액 1 mL를 첨가한다. 이어 0.5 N 메탄올성 수산화나트륨용액 1.5 mL를 가하고 질소를 불어넣은 후 즉시 뚜껑을 덮고 혼합한다. 이어

100 ℃ heating block에서 약 5분간 가온한다. 이를 냉각한 후 14 % 트리플루오르보란메탄올용액 2 mL를 가하고 다시 질소를 불어넣은 후 즉시 뚜껑을 덮고 혼합하고 100 ℃에서 30분간 가온한다. 이어 30~40 ° 로 냉각하여 이소옥탄용액 1 mL를 가하여 질소를 불어넣은 후 뚜껑을 덮고 이 온도에서 30초간 격렬히 진탕한다. 다음 즉시 포화 염화나트륨용액 5 mL를 가하고 질소를 불어넣은 후 뚜껑을 덮고 진탕한다. 상온으로 냉각한 후 수층으로부터 분리된 이소옥탄층을 새 유리 튜브에 넣고 질소를 불어넣은 후 즉시 뚜껑을 덮는다. 수층에 이소옥탄 1 mL를 추가로 넣고 위와 같은 방법으로 추출한 후 이소옥탄층을 전의 이소옥탄액과 합한다. 이 액을 무수황산나트륨으로 탈수하고 질소를 불어넣은 후 분석전까지 밀봉한다.

(5) 시험조작

① 기체크로마토그래피 조건

ⓐ 칼럼 : SP-Omegawax 320(Capillary column; polyethyleneglycol 100 %; 30 m × 0.32 mm × 0.52 μ m)

ⓑ 주입부온도 : 250 ℃

ⓒ 칼럼온도 : 200 ℃

ⓓ 검출기온도 : 260 ℃

ⓔ 유량 : 1.0 mL/분

ⓕ split ratio ; 10 : 1

(6) 정성시험

시험용액 및 지방산표준용액을 각각 1~2 μ L를 주입하여 RRT(Relative Retention Time; 내부표준물질에 대한 각 지방산들의 머무름 시간의 비)를 사용하여 각각의 지방산을 확인한다.

(7) 정량시험

정성시험법에 의해 얻은 각 지방산의 피크면적, 내부표준물질의 피크면적으로부터 다음과 같이 정량을 한다.

계산식 :

지방산(mg/100 g) = STc × (SAfa/STfa) × fFAi × (STis/SAis) × (최종희석용액(mL)/SA취한 량(g)) × 1.0067 × (100/1,000)

STc : 표준물질용액의 농도

fFAi : 지방산 메틸에스테르로부터 지방산으로의 전환계수(표 5-12)

1.0067 : 내부표준물질(C11:0) 트리글리세라이드로부터 지방산으로의 전환계수

STfa : 표준물질의 피크면적

SAfa : 시험용액내 표준물질의 피크면적

STis : 표준물질용액내 내부표준물질 피크면적

SAis : 시험용액내 내부표준물질 표준면적

표 5-12. 메틸에스테르에서 해당 지방산으로의 전환계수-1

지방산명	f_{FAi}
12 : 0	0.9346
14 : 0	0.9421
14 : 1	0.9417
16 : 0	0.9481
16 : 1	0.9477
18 : 0	0.9530
18 : 1	0.9527
18 : 2	0.9524
18 : 3	0.9520
18 : 4	0.9517
20 : 5	0.9557
22 : 5	0.9593
22 : 6	0.9590

2. 트랜스지방

트랜스지방은 트랜스 구조를 1개 이상 가지고 있는 비공액형의 모든 불포화지방을 말한다.

1) 시험법 적용범위

여기에서 제시하는 트랜스지방 분석법은 정제된 식물성 유지나 경화, 혹은 부분경화 시킨 식물성 유지 및 비 반추동물에서 기인하는 유지를 대상으로 한다. 유제품이나 반추동물에서 기인하는 유지, 어유, 장쇄 다중불포화지방산을 다량 함유하는 유지 및 공액이중리놀레산 제품의 트랜스지방 분석에는 부적절하다.

2) 분석원리

검체 중의 유지를 추출, 가수분해하고 생성된 지방산을 메틸에스테르로 유도체화한 후 기체크로마토그래피/불꽃이온화검출기로 분석한다.

3) 장치

기체크로마토그래피/불꽃이온화검출기

4) 시약 및 시액

① 14 % 트리플루오로보란메탄올

② 메탄올성 수산화나트륨용액(0.5 N) : 수산화나트륨 2 g을 메탄올 100 mL에 녹인다. 장시간 방치하는 경우 흰 침전(Na_2CO_3)이 생길 수 있으나 이는 무시하여도 된다.

③ 이소옥탄: 기체크로마토그래피용

④ 지방산 표준물질

(a) 지방산메틸에스테르(37종) 혼합 표준물(Supelco, 미국)

(b) 18:2, 18:3의 시스, 트랜스 이성체 표준물질(Sigma, 미국)

⑤ 표준용액 : 지방산 혼합 표준물 약 0.1g을 이소옥탄에 녹여 100 mg/mL가 되도록 제조한다.

5) 시험용액의 조제

(1) 조지방 추출

조지방 추출은 검체에 따라 1.1.5.1 조지방의 방법을 이용한다.

(2) 지방의 가수분해

에테르 등의 용매를 이용하여 식품에서 추출한 유지는 에스테르 결합하고 있는 형태이므로 가수분해하는 과정이 우선 필요하다. 지방의 가수분해는 다음과 같이 행한다.

① 지방 및 유지 검체 약 25 ㎎를 유리 튜브에 취한다.

② 0.5N 메탄올성 수산화나트륨용액 1.5 mL를 가하고 질소를 불어넣은 후 즉시 뚜껑을 덮고 혼합한다.

③ 100 ℃ heating block에서 약 5분간 가온한다.

④ 30~40 ℃로 냉각한다.

(3) 지방산 유도체화

지방산을 메틸에스테르로 유도체화시키는 방법으로 1)의 방법으로 가수분해 시킨 후 혹은 산분해법으로 추출한 검체의 경우 적용한다.

① 14 % 트리플루오르보란 메탄올용액 2 mL를 가하고 다시 질소를 불어 넣은 후 즉시 뚜껑을 덮고 혼합한다.

② 100 ℃에서 2분간 가온한다.

③ 30~40 ℃ 로 냉각하여 이소옥탄용액 1 mL를 가하여 질소를 불어넣은 후 뚜껑을 덮고 이 온도에서 30초간 격렬히 교반한다.

④ 포화 염화나트륨용액 5 mL를 가하고 질소를 불어넣은 다음 뚜껑을 덮고 격렬히 교반한다.

⑤ 상이 분리되도록 상온에서 방치한다.

⑥ 상층인 이소옥탄층을 무수황산나트륨이 있는 새 유리 튜브에 넣고 질소를 불어넣은 후 즉시 뚜껑을 덮고 수분을 제거한다.

⑦ 수분을 제거한 메틸에스테르용액을 GC에 주입하여 기기분석을 시행한다.

※ 제10. 일반시험법, 1.1.5.4 가. 제1법 사용 가능.

6) 시험조작

지방산 분석시 기기 조건은 다음과 같다. C18:1과 C18:2, C18:3의 시스, 트랜스지방의 이성체의 분리는 180 ℃의 등온조건에서 진행하며, 이후에는 승온조건을 사용할 수 있다. 만일 20:1과 ccc-18:3가 제대로 분리되지 않으면 칼럼온도를 다시 조정 할 수 있다.

(1) 기체크로마토그래피 조건

① 칼럼 : SP-2560 (100 m × 0.25 mm × 0.2 ㎛) 혹은 이와 동등한 것

② 주입부온도 : 250 ℃

③ 칼럼온도 : 180 ℃에서 40분간 유지한 후 3 ℃/min의 비율로 230 ℃까지 온도를 상승시키고 이후 10분이상 유지한다.

④ 검출기온도 : 280 ℃

⑤ 유량 : 헬륨 혹은 질소 1.0 mL/min

⑥ split ratio : 50 : 1

(2) 지방산 표준물질의 크로마토그램

37종의 지방산 표준물질 및 18:2와 18:3의 시스, 트랜스 이성체의 표준물질의 크로마토그램은 그림 5-1, 5-2와 같다. 통상적으로 트랜스형의 이성체는 시스형보다 먼저 분리된다. ccc 18:3과 20:1의 피크 순서는 칼럼의 종류 및 분석온도에 따라 상이하며 트랜스지방산의 분리조건을 최적화 시키는 데에는 20:1의 피크가 ccc 18:3 바로 앞에 나오는 것이 좋다(SP-2560의 경우, 그림 5-3).

일부 18:3의 트랜스형의 이성체는 γ -linoleic acid의 피크와 겹치므로 먼저 지방산을 분석하여 이를 우선 확인하거나 GC-mass나 기타 방법을 이용하여 피크를 재확인하는 것이 필요하다.

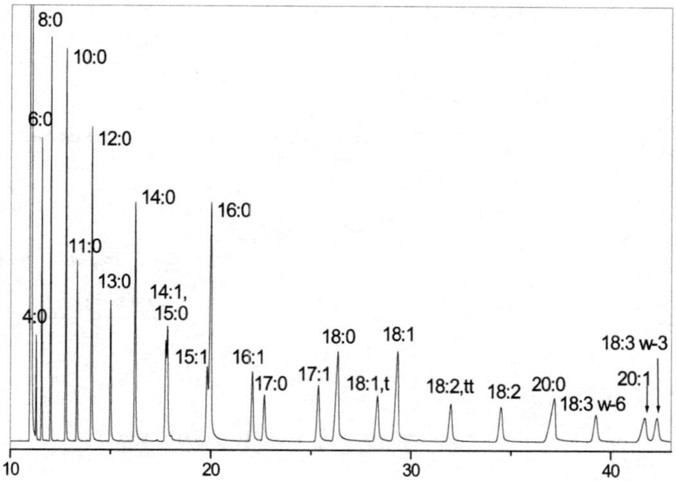

그림 5-1. 지방산 표준물질의 크로마토그램

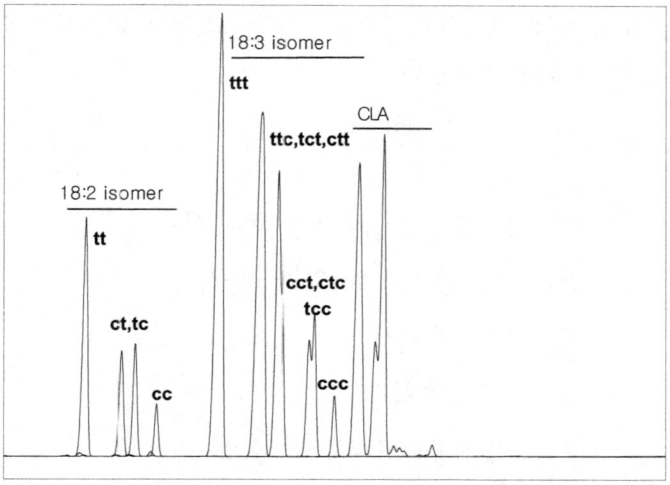

그림 5-2. 18:2 및 18:3 트랜스, 시스 이성체 표준물질 및 CLA의 크로마토그램

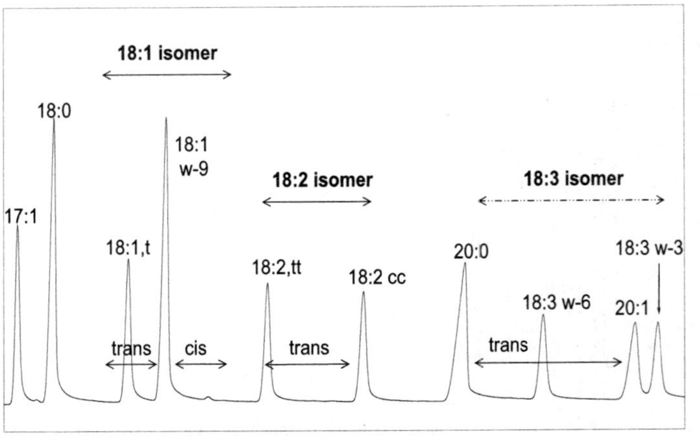

그림 5-3. 시스형 및 트랜스형 지방산의 판별

(3) FID conversion factor

지방산 함량 계산에 필요한 FID 전환계수(FID conversion factor, Ri)는 표준물질의 피크면적 및 함량을 이용하여 다음과 같이 계산한다. 18:1, 18:2, 18:3 지방산의 트랜스 이성체들은 각각 올레인산, 리놀레산, 리놀렌산의 FID 전환계수를 사용한다.

$$R_i = \frac{Ps_i}{P_{C11:0}} \times \frac{W_{C11:0}}{Ws_i}$$

R_i : 각 지방산별 검출기 상대반응계수

Ps_i : 각 지방산 표준물의 피크면적

$P_{C11:0}$: $C_{11:0}$의 면적

$W_{C11:0}$: $C_{11:0}$의 함량

Ws_i : 각 지방산 표준물질의 함량

i : 지방산의 종류

(4) 지방산 전환계수

GC-FID상에서의 분석은 각 지방산의 메틸에스테르이므로 해당 지방산으로 전환해야 한다. 각 지방산 별 전환계수는 표 5-31에 제시되어 있다. 트랜스형의 지방산인 경우 시스형의 경우와 동일한 전환계수를 사용한다.

표 5-13. 메틸에스테르에서 해당 지방산으로의 전환계수-2

지방산 명	f_i
4:0	0.8431
6:0	0.8923
8:0	0.9114
10:0	0.9247
11:0	0.9300
12:0	0.9346
13:0	0.9386
14:0	0.9421
14:1	0.9417
15:0	0.9453
15:1	0.9449
16:0	0.9481
16:1	0.9477
17:0	0.9507
17:1	0.9503
18:0	0.9530
18:1	0.9527
18:2	0.9524
20:0	0.9570
18:3 n-6	0.9520
18:3 n-3	0.9520
21:0	0.9588
20:1 n-9	0.9568
20:2	0.9565
20:3, n-6	0.9562
20:3 n-3	0.9562
20:4 n-6	0.9560
20:5 n-3	0.9560
22:0	0.9604
22:1 n-9	0.9602
22:2	0.9600
22:6 n-3	0.9591
23:0	0.9620
24:0	0.9630
24:1	0.9632

(5) 검체의 크로마토그램

부분 경화유의 크로마토그램은 그림 5-4에 제시되어 있다.

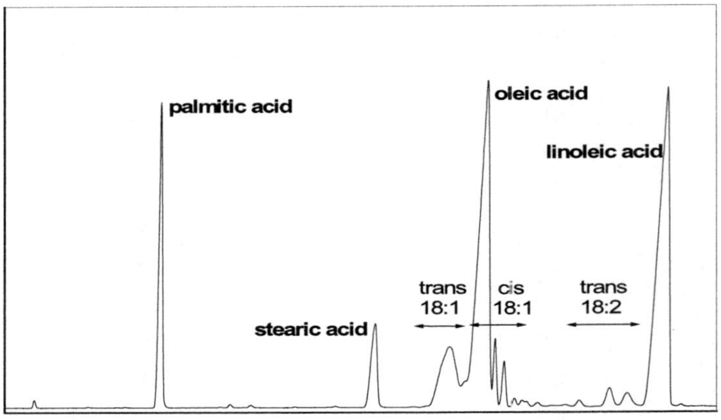

그림 5-4. 부분 경화유의 크로마토그램

(6) 계산법

검체의 구성 지방산 별로 지방산 100 g 당 g 함량을 계산한다. 이 분석법은 식물성 정제유지 또는 가공유지의 트랜스 지방산을 측정하는 방법으로 트랜스 지방산의 함량은 (t 18:1)과 [(tt+ct+tc) 18:2], [(ttt+ttc+tct+ctt+cct+ctc+tcc)18:3]의 합으로 나타낸다.

$$FA_i\,(\text{g/100g 지방산}) = \frac{P_i \times f_i}{R_i} \times \frac{100}{\Sigma\,(P_j \times f_j / R_j)}$$

P_i, P_j : 지방산 피크면적

R_i, R_j : 각 지방산 표준물질에서 구한 FID 전환계수

f_i, f_j : 각 지방산 메틸에스테르로부터 지방산으로의 전환계수(표 5-13)

7) 트랜스지방 함량 계산

트랜스지방 함량은 조지방 함량에 구성 지방산 중 트랜스지방산 총량을 곱한 것을 트랜스지방 함량으로 한다.

$$\text{트랜스지방 (g/100 g 식품)} = \frac{\text{조지방함량(g/100g 식품)} \times \text{트랜스지방산 함량(g/100 g 지방산)}}{100}$$

3. 콜레스테롤

1) 시험법 적용범위

지질을 함유한 식품 등에 적용한다.

2) 분석원리

검체를 클로로폼 : 메탄올(2 : 1, v/v) 혼합용액으로 진탕, 혼합 추출하고, 0.5 % 수산화나트륨용액으로 세척하고 무수황산나트륨으로 탈수한 후 여과하여 40 ℃ 이하에서 클로로폼층을 감압 농축한다. 잔류물에 2N 수산화칼륨 에탄올 용액을 가하여 환류냉각기를 붙여 85 ℃에서 1시간 비누화한 후 냉각하여 에테르로 추출한다. 에테르층을 무수황산나트륨으로 탈수한 후 여과하여 감압 농축하고, 잔류물을 헥산에 녹여 기체크로마토그래피로 측정한다.

3) 장치

기체크로마토그래프/불꽃이온화검출기(GC-FID)

4장.

검교정(부피재는 용기), 용해도, 활동도

1. 부피를 재는 용기의 검정

1) 검정의 원리

일반적으로 용기의 눈금이 옳지 못하면 오차에 직접적인 요인이 된다. 그러므로 용기의 눈금을 확인할 필요가 있다. 용기를 처음구입한 경우뿐만 아니라 사용에 따른 용기의 부식이 예상되는 경우는 검정을 함이 바람직하다. 0.01 % 보다 큰 상대오차를 가지는 경우는 미리 검교정을 하여 사용한다. 검정은 일정한 온도와 압력에서 일정량의 물의 무게를 정확히 재어 부피로 환산을 하는 방법이 사용되어진다. 일반적으로 20 ℃를 표준 온도로 잡고 있다. 이때 다음의 3가지 사항에 유의해야 한다.

① 물의 밀도는 온도에 따라 변한다.

② 유리용기의 부피도 온도에 따라 변한다. 즉 온도가 기준온도 보다 높아지면 유리가 팽창될 것이다. 바깥쪽의 팽창은 부피에 영향을 미치지 않을 것이나, 안쪽의 팽창은 담을 수 있는 용기의 부피를 축소를 가져올 것이다. 그러므로 실제 눈금으로 표시된 값으로 부피를 읽는 경우 부피가 증가된 결과를 가져온다.

③ 화학저울로 물의 무게를 측정할 때에 공기의 부력을 받는다.

2) 검정 절차

① 용기를 클리닝 용액 등으로 깨끗이 씻는다.

② 순수한 물을 담고 일정한 실온에서 온도평형이 되게한다.

③ 용기에 담은 또는 쏟아져 나온 물의 무게를 재고 이것으로부터 담은부피 (TC: to contain) 또는 쏟아져 나온 부피(TD: to deliver)를 계산한다.

실온 t ℃에서 용기의 표선까지 채운 물의 무게 W에서 공기의 부력을 고려하여 물의 질량을 산출하고 이것을 같은 온도에서의 물의 밀도 dt로 나누어 부피 Vt를 얻을 수 있다.

무게를 재기위해 사용한 놋쇠추의 밀도를 8.4, 공기의 밀도를 0.0012 g/mL로 보면 t ℃에서 용기의 부피는 다음과 같다.

밀도가 같지 않으면 부력에 의한 오차가 생긴다.

공기에 의한 부력은 아르키메데스(Archimedes) 원리에 의하면, 물체의 부피에 해당하는 공기의 무게만큼의 부력을 물체가 받게된다.

물체무게를 W, 그 밀도를 d_0, 공기의 밀도를 d라고 하면 이 물체가 받는 부력은 $(W/d_0) \times d$이다.

$$[\, W + 0.0012(W/dt - W/8.4) \,] \div dt = Vt$$

유리의 부피 패창계수를 약 0.000025 mL/ ℃라 보면 20 ℃에서 차지하는 부피 V_{20}는 다음과 같다.

$$Vt + 0.000025\, Vt(20 - t) = V_{20}$$

이렇게 구한 값이 표기한 부피와 허용범위 내에서 일치해야 할 것이다.

예제 : 500 mL용 메스플라스크를 검정하고져 한다. 실온 25 ℃에서 표선까지 채운 물의 무게가 498.500 g이다. 20 ℃에서 부피를 계산하라. 단 25 ℃, 1기압에서 물의 밀도는 0.99707이다.

물의 질량 = 498.500 + 0.0012(498.500/0.997 − 498.500/8.4) =

진공에서 물체무게를 W, 그 밀도를 d_0, 공기의 밀도를 d라고 하면 이 물체가 받는 부력은 $(W/d_0) \times d$이고, 진공에서의 추 무게를 w, 그 밀도를 dw라고 하면 이 물체가 받는 부력은$(w/dw) \times d$이고 다음의 관계가 성립한다.

$$W \frac{W}{d_0} \times d =$$

2. 화학평형과 용해도

1) 평형상수

반응속도(k ?) = f(M, 농도)/unit time

단위시간당 반응이 일어나는 물질의 양으로 나타낼 수 있다.

$$aA + bB \underset{k_b}{\overset{k_f}{\rightleftarrows}} cC + dD$$

정반응속도, $v_f = k_f[A]^a[B]^b$

역반응속도, $v_b = k_b[C]^c[D]^d$

정반응속도와 역반응속도가 같은 평형상태에서는 $v_f = v_b$이며,

$k_f[A]^a[B]^b = k_b[C]^c[D]^d$

$$\frac{[C]^c[D]^d}{[A]^a[B]^b} = \frac{k_a}{k_b} = K$$

K를 평형상수라하며 일정한 온도에서 일정한 값을 가진다. 그러나 이온세기(ionic strength, μ)에 영향을 받는다. 이온세기는 다음의 식으로 구해진다.

$$\mu = 1/2\ \Sigma M_i Z_i^2$$

여기서 M_i는 이온농도이며, Z_i는 이온전하이다.

예제) 0.05M KNO_3와 0.1M Na_2SO_4의 혼합용액의 이온세기를 구하시오.

풀이 : $KNO_3 \rightleftarrows K^+ + NO_3^-$ $\quad Na_2SO_4 \rightleftarrows 2Na^+ + SO_4^-$

$$\mu = 1/2\ \Sigma M_i Z_i^2 = 1/2[\,0.05\times 1^2 + 0.05\times(-1)^2 + 0.1\times 2\times(1)^2 + 0.1\times(-2)^2] = 0.35$$

2) 활동도(Activity, A)

활동도란 어떤 화학종이 용액중에서 실제로 발휘하는 능력을 나타내며 아래의 식으로 간단히 표시할 수 있다.

$$a = f \cdot [M]$$

여기서 f는 활동도계수이며, [M]은 몰농도이다. 모든 계산에서 정확한 결과를 얻기위해서는 활동도를 사용하여야 하나 정확한 활동도를 구하기가 어려움으로 일반적인 계산에서 몰동도를 사용하는 경우가 많다.

5장.

국제규격 관련

1. ISO 22000

표 5-14. ISO 22000 내부심사 체크리스트

	SO 22001:2005 내부심사 체크리스트
4	· 식품안전경영시스템
4.1	· 일반 요구사항
4.1.1	· 조직은 ISO22001:2005 규격요구사항에 의거하여 문서화된 식품안전경영시스템을 수립하였는가?
4.1.2	· 조직은 수립된 식품안전경영시스템을 실행, 유지하고, 필요시 갱신(지속적개선)하고 있는가?
4.1.3	· 식품안전경영시스템의 적용범위에는 식품공급사슬상에서의 조직의 위치, 제품범주, 구체적인프로세스 및 생산현장을 규정하고 있는가?
4.1.4	· 조직의 식품안전경영시스템은 소비자에게 피해를 줄 수 있는 식품안전위해요소를 파악하며 이를 객관적으로 평가함은 물론 관리하기 위한 수단을 보장하고 있는가?
4.1.5	· 조직의 식품안전경영시스템은 제품관련 안전측면에 대한 적절한 정보를 조직의 제품관련 식품공급사슬 전체에 걸쳐 의사소통되도록 하고 있는가?
4.1.6	· 조직의 식품안전경영시스템은 식품안전을 보장하기 위하여 동 시스템의 개발, 실행 및 갱신 등과 관련된 정보가 조직 전체에 걸쳐 의사소통되도록 하고 있는가?
4.1.7	· 조직의 새롭거나 변경된 활동을 반영하여 식품안전위해요소를 항상 최신의 상태로 유지할 수 있도록 식품안전경영시스템을 주기적으로 평가하고 필요에 따라 갱신하고 있는가?
4.1.8	· 최종 제품의 적합성에 영향을 줄 수 있는 어떤프로세스를 외주처리하는 경우, 이에 대한 관리방식이 조직의 식품안전경영시스템내에서 파악되고 문서화 되어 있는가?
4.2	· 문서화요구사항

4.2.1	· 일반사항 1) 식품안전경영시스템에는 식품안전방침 및 관련목표가 문서회되어 설정되어 있는가?(5.2참조) 2) 식품안전경영시스템에는 ISO22001:2005 규격이 요구하는 문서화된 절차(수립, 문서화, 실행 및 유지) 및 기록이 포함되어 있는가? 3) 문서화에는 식품안전과 관련된 법적 및 규제요구사항과 고객요구사항을 비롯한 조직이 필요로하는 문서가 포함되어 있는가? 4) 식품안전경영시스템의 문서화 정도는 조직의 규모 및 형태, 프로세스의 복잡성과상호작용, 인적자원의 능력 등을 고려하여 수립하였는가?
4.2.2	· 문서관리
4.2.2.1	· 조직은 식품안전경영시스템에 의해 요구된 문서를 관리하고 있는가?
4.2.2.2	· 모든 제안된 문서의 변경사항은 실행 전에 검토되고 있는가?
4.2.2.3	· 조직은 다음을 관리하기 위한문서화된 절차를 수립하였는가? 1) 발행 전에 문서의 충족성은 승인되고 있는가? 2) 문서는 필요시에 검토, 갱신 및 재승인되고 있는가? 3) 문서의 변경 및 최신개정상태는 식별되고 있는가? 4) 업무에 필요한 최신유효본이, 사용되는장소에 배포되어 사용되고 있는가? 5) 문서는 읽기 쉽도록 유지되고, 쉽게 식별되고 있는가? 6) 관련된 외부출처문서가 적절히 식별되고 필요한 곳에 배포되고 있는가? 7) 효력이 상실된 문서의 오용을 방지할 수 있으며, 보유한 경우에는 적절하게 식별되고 있는가?
4.2.3	· 기록관리
4.2.3.1	· 기록은 식품안전경영시스템의 적합성과 효과적인 운영에 대한 증거를 제공하기 위하여 작성 및 유지되고 있는가?
4.2.3.2	· 기록은 읽기쉽고, 쉽게식별되고 검색이 가능하도록 유지되고 있는가?
4.2.3.3	· 조직은 기록의 수정, 식별, 보관, 보호, 검색, 보유기간 및 처분을 위한 문서화된 절차를 수립하였는가?
5	· 경영책임
5.1	· 경영의지
5.1.1	· 최고경영자는 식품안전경영시스템의 개발, 실행 및 지속적개선에 대한 의지의 증거를 다음사항에 의해 제시하고있는가? 1) 식품안전이 조직의 사업목표에 의해 지원되고 있는가?, 2) 식품안전과 관련한 고객의 요구사항 ,ISO22001:2005 규격의 요구사항, 모든 법적 및 규제요구사항에 대한 충족의 중요성을 조직내부에 의사소통되고 있는가? 3) 식품안전방침을 수립하였는가? 4) 경영검토를 수행하였는가? 5) 자원의 가용성을 보장하고 있는가?
5.2	· 식품안전방침
5.2.1	· 최고경영자는 식품안전방침을 정하고 문서화하고 의사소통하고 있는가?

5.2.2	· 최고경영자는 식품안전방침이 다음과 같음을 보장하는가? 1) 식품공급사슬에서 조직의 역할에 적절한가? 2) 법적 및 규제요구사항과 고객의 식품안전요구사항에 모두 일치하는가? 3) 조직전체에서 의사소통되고 실행되고 유지되고 있는가? 4) 지속적인 적합성을 위해 검토되고 있는가?(5.8.3참조), 5) 의사소통이 적절하게 되고 있는가? 6) 측정 가능한 목표에 의해 뒷받침되고 있는가?
5.3	· 식품안전경영시스템 기획
5.3.1	· 최고경영자는 다음 사항을 보장하는가? 1) 식품안전경영시스템에 대한 기획이 수행되고 있는가? 2) 변경이 계획되고 실행될 때 식품안전경영시스템의 완전성이 유지되고 있는가?
5.4	· 책임 및 권한
5.4.1	· 최고경영자는 조직 내에서 책임 및 권한을 규정하고 있고 상호간에 의사소통되고 있음을 보장하는가?
5.4.2	· 모든 직원은 식품안전경영시스템에 문제가 발생 시 이미 정해진 보고체계에 의하여 보고하고 있는가?
5.4.3	지정된 인원은 그에 대한 책임과 권한을 가지고 적절한 조치를 취한 후기록 유지하고 있는가?
5.5	식품안전팀장
5.5.1	· 최고경영자는 다른 책임의 유무와 관계없이, 다음사항에 대한 책임과 권한을 가지는 식품안전팀장을 임명하였는가? 1) 식품안전팀(7.3.2참조)을 관리하고 그 업무를 관장하고 있는가? 2) 식품안전팀원에 대한 훈련 및 교육을 보장하고 있는가?(6.2.1참조), 3) 식품안전경영시스템이 수립, 실행, 유지 및 갱신됨을 보장하는가? 4) 식품안전경영시스템에 대해 최고경영자에게 보고하고 있는가?
5.6	· 의사소통
5.6.1	· 외부 의사소통
5.6.1.1	· 다음 대상과의 의사소통을 위한 효과적인 계획을 수립, 실행 및 유지하고 있는가? 1) 공급자 및 계약자 2) 고객피드백과 관련 있는 고객 또는 소비자 3) 법적 및 규제당국 4) 식품안전경영시스템의 효과성 또는 갱신에 영향을 주거나 받게될 기타조직
5.6.1.2	· 다른 조직에 의해 관리되어야할 필요가 있다고 알려진 식품안전위해요소 중, 그와 관련되는 조직제품의 식품안전측면에 관한정보를 그 조직에 제공하고 있는가?
5.6.1.3	· 의사소통에 대한 기록은 유지되고 있는가?
5.6.1.4	· 법적 및 규제 당국 및 고객의 식품안전 요구사항은 이용 가능한가?
5.6.1.5	· 지정된 인원이 외부와 의사소통하기 위해 정해진 책임과 권한을 가지고 있는가?
5.6.1.6	· 외부 의사소통과 관련된 정보가 시스템 갱신(8.5.2 참조) 및 경영검토(5.8.2 참조)에 입력사항으로 포함되고 있는가?

5.6.2	· 내부 의사소통
5.6.2.1	· 식품안전에 영향을 미치는 문제에 관해 해당 직원과의 의사소통을 하기 위한 효과적인 계획를 수립, 실행 및 유지하고 있는가?
5.6.2.2	· 식품안전팀이 다음 사항을 포함하는 변경에 대해 적시에 통보를 받고 있음을 보장하는가? 1) 제품 및 신제품 2) 원재료, 부재료 및 서비스 3) 생산시스템 및 장비 4) 생산현장, 장비의 위치, 주변환경 5) 청소 및 위생프로그램 6) 포장, 보관 및 유통시스템 7) 인원 자격인정 수준 및/또는 책임 및 권한의 할당 8) 법적 및 규제 요구사항 9) 식품안전위해요소 및 관리수단에 관한 지식 10) 조직이 주시하는 고객, 분야 및 기타요구사항 11) 외부 이해 관계자로부터의 관련문의 12) 제품과 연관된 식품안전 위해요소를 지적하는 불평 13) 식품안전에 영향을 미치는 기타조건
5.6.2.3	· 식품안전팀은 이러한 정보가 식품안전경영시스템의 갱신에 포함됨을 보장하는가?(8.5.2참조)
5.6.2.4	· 최고경영자는 이러한 정보가 경영검토 입력사항으로 포함되고 있음을 보장하는가? (5.8.2 참조)
5.7	· 비상사태 대비 및 대응
5.7.1	· 최고경영자는 잠재적인 비상사태 및 사고를 관리하기 위한 절차를 수립, 실행 및 유지하고 있는가?
5.8	· 경영검토
5.8.1	· 일반사항
5.8.1.1	· 최고경영자는 지속적인 적절성, 충족성 및 효과성을 보장하기위하여, 계획된 주기로 식품안전경영시스템을 검토하고 있는가?
5.8.1.2	· 경영검토는 식품안전방침을 비롯한 개선기회 및 변경 필요성의 평가를 포함하고 있는가?
5.8.1.3	· 경영검토에 관한 기록을 유지하고 있는가? (4.2.3 참조)
5.8.2	· 검토 입력
5.8.2.1	· 경영검토에는 최소한 다음 정보가 포함되어 있는가? 1) 이전 경영검토에 따른 후속조치 2) 검증활동에 대한 결과분석(8.4.3참조) 3) 식품안전에 영향을 줄 수 있는 환경변화(5.6.2참조) 4) 비상상태, 사고(5.7참조) 및 (리콜을 포함한)회수(7.10.4참조) 5) 시스템 갱신활동에 대한 검토결과(8.5.2참조) 6) 고객피드백을 포함한 의사소통활동의 검토(5.6.1참조) 7) 외부심사 또는 검사

5.8.2.2	· 데이터는 식품안전경영시스템에서 최고경영자가 표명한 목표와 관련시킬 수 있는 방식으로 제시되고 있는가?
5.8.3	· 검토 출력
5.8.3.1	· 경영검토 출력사항에는 다음 사항과 관련된 결정사항 및 조치가 포함되어있는가? 1) 식품안전보증(4.1참조) 2) 식품안전경영시스템의 효과성에 관한 개선(8.5.2참조) 3) 자원의 필요성(6.1) 4) 식품안전방침 및 관련목표의 개정(5.2참조)
6	· 자원관리
6.1	· 자원 확보
6.1.1	· 식품안전경영시스템의 수립, 실행, 유지보전 및 갱신을 위한 적절한 자원을 확보하고 있는가?
6.2	· 인적자원
6.2.1	· 일반사항
6.2.1.1	· 식품안전팀 및 식품안전에 영향을 미치는 활동을 수행하는 인원은 적격하며 적절한 학력, 교육훈련, 숙련도 및 경험을 보유하고 있는가?
6.2.1.2	· 식품안전경영시스템에 외부전문가의 도움이 요구되는 경우, 외부전문가의 책임 및 권한을 정하는 합의사항 또는 계약에 대한 기록이 이용 가능한가?
6.2.2	· 적격성, 인식 및 교육훈련
6.2.2.1	· 조직은 다음 사항을 이행하고 있는가? 1) 식품안전에 영향을 주는 활동을 하는 인원에 대한 적격성을 파악하고 있는가? 2) 교육훈련을 제공하거나 필요한 적격성을가지는 것을 보장하기위한 다른 조치를 취하고 있는가? 3) 모니터링, 시정 및 시정조치에 대한 책임이 있는 인원이 교육훈련을 받고 있음을 보장하는가? 4) 1),2) 및 3)의 실행 및 효과성을 평가하고 있는가? 5) 식품안전에 기여하는 개별활동의 관련성 및 중요성에 대해서 인식하고 있음을 보장하는가? 6) 효과적인 의사소통을 위한 요구사항(5.6참조)은 관련된 모든 인원에 의해 이해되고 있음을 보장하는가? 7) 교육훈련 및 2)와 3)에 기술된 조치에 관한 적절한 기록을 유지하고 있는가?
6.3	· 기반구조
6.3.1	· ISO22001:2005 규격을 실행하기 위해 필요로 하는 기반구조의 수립 및 유지보전을 위한 자원을 확보하고 있는가?
6.4	· 업무환경
6.4.1	· ISO22001:2005 규격을 실행하기 위해 필요로하는 업무환경의 수립, 관리 및 유지보전을 위한 자원을 확보하고 있는가?
7	· 안전한 제품의 기획 및 실현
7.1	· 일반사항

7.1.1	· 조직은 안전한 제품실현에 필요한 프로세스를 계획하고 개발하였는가?
7.1.2	· 조직은 선행요건프로그램(PRPs), 운용PRP(s) 및 HACCP계획을 포함한, 계획된 활동 및 이에대한 모든 변화를 실행, 운영 및 보장하고 있는가?
7.2	· 선행요건프로그램(PRPs)
7.2.1	· 조직은 다음을 관리하는데 도움이 되도록 선행요건프로그램(PRPs)를 수립, 실행 및 유지관리하고 있는가? 1) 제품에 식품안전위해요소가 유입될 가능성은 없는가? 2) 제품 간 교차오염을 포함하여, 제품의 생물학적, 화학적 및 물리적 오염요소는 없는가? 3) 제품 및 가공환경에서 식품안전위해요소수준은 안전한 정도인가?
7.2.2	· 선행요건프로그램(PRPs)은 다음과 같은가?. 1) 조직의 요구에 적합한가? 2) 운영규모 및 형식, 그리고 제조 및 취급되는 제품의 성질에 적합한가? 3) 일반적으로 적용 가능한 프로그램이나 특정 제품 또는 운영라인에 적용 가능한 프로그램 중 하나로써, 전체 생산시스템에 걸쳐 실행되고 있는가? 4) 식품안전팀에 의해 승인되었는가?
7.2.3	· 조직은 선행요건프로그램(PRPs)과 관련된 법적 및 규제 요구사항을 파악하고 있는가?
7.2.4	· 조직은 선행요건프로그램(PRPs)을 선택 또는 수립할 때, 적용범위내에서 법적 및 규제요구사항, 고객요구사항, 인정된지침, 국제식품규격위원회(Codex) 원칙 및 시행규칙, 국가규격, 국제규격, 산업규격 등의 적절한 정보를 고려하여 적용하였는가?
7.2.5	· 조직은 선행요건 프로그램을 수립할 때 다음 사항을 고려하였는가? 1) 건물 및 관련된 유틸리티의 건축 및 배치 2) 업무장소 및 직원편의시설을 포함하는 공간의 배치 3) 공기, 물, 에너지 및 기타 유틸리티의 공급 4) 쓰레기 및 하수처리를 포함한 지원서비스 5) 장비의 적절성과 그 청소, 유지보전 및 예방적 유지보전을 위한 접근가능성 6) 구매원료(원재료, 부재료, 화학물질, 포장등), 공급(물, 공기, 증기, 얼음 등), 처리(쓰레기 및 하수) 및 제품의 취급(보관 및 운송)의 관리 7) 교차오염을 위한 방지수단 8) 청소 및 소독 9) 해충관리 10) 개인위생 11) 기타측면
7.2.6	· 선행요건프로그램(PRPs)에 대한 검증방식은 계획되어 있고(7.8참조), 필요 시 수정되고 있는가?
7.2.7	· 검증 및 수정과 관련한 기록은 유지되고 있는가?
7.2.8	· 선행요건프로그램(PRPs)에 포함된 활동이 어떻게 관리되고있는지 문서에 규정하고 있는가?
7.3	· 위해요소분석을 위한 예비단계
7.3.1	· 일반사항

7.3.1.1	· 위해요소분석에 필요한 모든 관련정보는 수집, 유지, 갱신 및 문서화되어 있는가?
7.3.1.2	· 관련기록은 유지되고 있는가?
7.3.2	· 식품안전팀
7.3.2.1	· 식품안전팀은 지정되어 있는가?
7.3.1.2	· 식품안전팀은 식품안전경영시스템 범위 내의 조직의 제품, 프로세스, 장비 및 식품안전위해요소 등을 비롯한 다양한 분야의 지식 및 경험을 보유하고 있는가?
7.3.1.3	· 식품안전팀이 요구되는 지식 및 경험(6.2.2 참조)을 보유한다는 것을 실증하는 기록을 유지하고 있는가?
7.3.3	· 제품특성
7.3.3.1	· 원재료, 부재료 및 제품과 접촉하는 물질
7.3.3.1.1	· 해당되는 경우, 다음 사항에 대한 정보를 포함하여 위해요소분석(7.4참조)을 실시하기에 필요한 정도까지 문서로 기술되어 있는가? 1) 생물학적, 화학적 및 물리적 특성 2) 첨가물 및 가공보조제를 포함하여,배 합성분의 구성 3) 원산지 4) 생산방법 5) 포장 및 인도방법 6) 보관조건 및 유통기한 7) 사용 또는 가공 전의 준비 및 취급 8) 용도에 적합한 구입재료 및 부재료의 식품안전관련 허용가능기준 또는 시방서
7.3.3.1.2	· 제품과 관련된 법적 및 규제적 식품안전 요구사항을 파악하고 있는가?
7.3.3.1.3	· 7.7항에 따라 요구되어지는 경우를 포함하여 기술사항이 최신 상태로 유지되고 있는가?
7.3.3.2	· 최종제품 특성
7.3.3.2.1	· 해당 되는 경우, 다음 사항에 대한 정보를 포함하여 위해요소분석(7.4참조)을 실시하는데 필요한 정도까지 문서로 기술되어 있는가? 1) 제품명 또는 유사한 식별 2) 성분배합비율 3) 식품안전과 관련한 생물학적, 화학적 및 물리적특성 4) 의도하는 유통기간 및 보관조건 5) 포장 6) 식품안전에 관한 표시와 취급, 준비 및 사용에 대한 지침 7) 유통방법
7.3.3.2.2	· 최종제품과 관련된 법적 및 규제적 식품안전 요구사항을 파악하고 있는가?
7.3.3.2.3	· 7.7항에 따라 요구되어지는 경우를 포함하여 기술사항이 최신상태로 유지되고 있는가?
7.3.4	· 의도하는 용도
7.3.4.1	· 의도하는 용도, 합리적으로 예상되는 최종제품의 취급, 그리고 모든 의도하지 않았지만 합리적으로 예상되는 최종제품의 잘못된 취급 및 오용은 고려되고 있고 위해요소 분석(7.4참조)을 실시하는데 필요한 정도까지 문서로 기술되어 있는가?

7.3.4.2	· 각 제품에 대해 사용자집단과, 해당되는 경우, 소비자집단은 파악되고 있으며, 특정 식품안전 위해요소에 특별히 취약한 것으로 알려진 소비자집단은 고려되고 있는가?
	· 7.7항에 따라 요구되어지는 경우를 포함하여 기술사항이 최신상태로 유지되고 있는가?
7.3.5	· 흐름도, 프로세스 단계 및 관리수단
7.3.5.1	· 흐름도
7.3.5.1.1	· 다루는 제품 또는 프로세스 범주에 대한 흐름도는 준비되어 있는가?
7.3.5.1.2	· 흐름도는 식품안전위해요소의 발생가능성, 증가 또는 유입을 평가하기 위한 근거를 제공하고 있는가?
7.3.5.1.3	· 프로세스 흐름도는 해당되는 경우, 다음 사항을 포함하고 있는가? 1) 운영상 모든 단계의 순서 및 상호작용 2) 모든 외주프로세스 및 하청작업 3) 원재료, 부재료 및 중간제품이 해당 흐름에 투입되는 곳 4) 재작업 및 재활용이 발생하는 곳 5) 최종제품, 중간제품, 부산물 및 쓰레기가 방출 또는 배출되는 곳
7.3.5.1.4	· 식품안전팀은 7.8항에 따라 현장점검을 통해 흐름도의 정확성을 검증하고 있는가?
7.3.5.1.5	· 검증된 흐름도는 기록으로 유지되고 있는가?
7.3.5.2	· 프로세스 단계 및 관리수단 기술
7.3.5.2.1	· 기존의 관리수단, 프로세스 인자 및 적용되는 엄격성, 또는 식품안전에 영향을 줄 수 있는 절차는 위해요소 분석(7.4참조)을 실시하기에 필요한 정도까지 문서로 기술되어 있는가?
7.3.5.2.2	· 관리수단의 선택 및 엄격성에 영향을 미칠 수 있는, 규제당국 또는 고객으로부터의 외부요구사항도 기술되어 있는가?
7.3.5.2.3	· 7.7항에 따라 기술한 내용은 갱신되고 있는가?
7.4	· 위해요소 분석
7.4.1	· 일반사항
7.4.1.1	· 식품안전팀은 위해요소분석을 실시하였는가?
7.4.2	· 위해요소 파악 및 허용가능한 수준의 결정
7.4.2.1	· 제품형태, 가공형태 및 실제가공시설과 관련하여 합리적으로 예상되는 모든 식품안전위해요소는 파악되고 기록되어 있는가?
7.4.2.2	· 파악된 모든 식품안전위해요소는 다음 사항에 근거하였는가? 1) 7.3항에 따라 수집된 예비정보 및 데이터 2) 경험 3) 가능한 범위까지 역학적 및 기타 이력데이터를 포함하는 외부정보 4) 최종제품, 중간제품 및 소비시점식품의 안전과 관련될 수 있는 식품안전위해요소에 대한 식품공급사슬로부터의 정보 5) 각 식품안전위해요소가 유입될 수 있는 원재료, 가공 및 유통으로부터의단계

7.4.2.3	· 위해요소파악 시 다음 사항을 고려하였는가? 1) 특별히 규정된 운영의 선행 및 후행단계 2) 프로세스 장비, 유틸리티/서비스 및 주변환경 3) 식품공급사슬 상의 선행 및 후행 연계
7.4.2.4	· 파악된 식품안전위해요소에 대하여, 최종제품에서의 허용가능한 수준이 가능한 경우, 결정되어 있는가?
7.4.2.5	· 결정된 수준은 법적 및 규제요구사항, 고객의식품안전요구사항, 고객이 의도하는 용도 및 기타 관련데이터를 고려하였는가?
7.4.2.6	· 결정에 대한 정당화 및 결정의 결과는 기록되어 있는가?
7.4.3	· 위해요소 평가
7.4.3.1	· 해당 위해요소를 제거하거나 허용 가능한 수준까지 감소시키는 것이 안전한 식품 생산에 필수적인 지를 결정하기 위해 위해요소를 평가하고 있는가?
7.4.3.2	· 정해진 허용 가능한 수준을 충족시키는데 해당 위해요소의 관리가 필요한 지를 결정하기 위해 위해요소를 평가하고 있는가?
7.4.3.3	· 각각의 식품안전위해요소는 건강상 악영향의 가능한 심각성 및 그 발생가능성에 따라 평가되고 있는가?
7.4.3.4	· 위해요소평가에 사용된 방법론은 기술되어 있는가?
7.4.3.5	· 위해요소 평가결과는 기록되어 있는가?
7.4.4	· 관리수단의 선택 및 평가
7.4.4.1	· 위해요소평가에 근거하여, 규정된 허용 가능한 수준으로 방지, 제거 또는 감소시킬 수 있는 적절한 관리수단의 결합을 선택하고 있는가?
7.4.4.2	· 7.3.5.2에 기술된대로 각각의 관리수단은 파악된 식품안전위해요소에 대한 그 효과성의 측면에서 검토되고 있는가?
7.4.4.3	· 선택된 각 관리수단은 다음사항과 관련된 평가를 포함한 논리적 접근방식으로, 운용PRPs 또는 HACCP계획에 의할 필요가 있는지 여부에 따라 분류되고 있는가? 1) 적용된 엄격성과 관련하여 파악된 식품안전위해요소에 대한 효과 2) 모니터링 실행가능성(즉각적인 시정조치가 가능하도록 적시에 모니터 될 수 있는 능력) 3) 다른 관리수단과 관련하여 시스템 내에서의 위치 4) 관리수단의 기능에서 실패의 발생가능성 또는 현저한 진행상의 가변성 5) 기능이 실패할 경우 그 결과의 심각성 6) 위해요소의 수준을 제거 또는 현저히 감소시키기 위해 관리수단이 특별히 수립되고 적용되는지 여부 7) 상승효과(그들의 결합된 효과가 그들 개별효과의 합보다 더높아지는 결과를 초래하는 두 개 이상의 수단간 발생하는 상호작용)
7.4.4.4	· HACCP계획으로 분류된 관리수단은 7.6에 따라 실행되고 있는가?
7.4.4.5	· 기타 관리수단은 7.5에 따라 운용PRPs로서 실행되고 있는가?
7.4.4.6	· 운용PRPs 또는 HACCP계획으로의 분류에 사용된 방법론 및 인자는 문서에 기술되어 있는가?

7.4.4.7	· 관리수단의 평가결과는 기록되어 있는가?
7.5	· 운용 선행요건프로그램(PRPs) 수립
7.5.1	· 운용PRP(s)는 문서화되어 있고, 각프로그램에 대해 다음 정보를 포함하고 있는가? 1) 관리되어지는 식품안전 위해요소 2) 관리수단(7.4.4참조) 3) 운용PRP(s)가 적용되고 있음을 실증하는 모니터링절차 4) 모니터링 결과에 따라 취해야 할 시정 및 시정조치(각각 7.10.1 및 7.10.2 참조) 5) 책임 및 권한 6) 모니터링 기록
7.6	· HACCP계획 수립
7.6.1	· HACCP계획
7.6.1.1	· HACCP계획은 문서화 되어 있고 파악된 중요관리점(CCP)에 대해 다음의 정보를 포함하고 있는가? 1) CCP에서 관리되어지는 식품안전 위해요소(7.4.4 참조) 2) 관리수단(7.4.4 참조) 3) 한계기준(7.6.3 참조) 4) 모니터링절차(7.6.4 참조) 5) 한계기준을 벗어나는 경우 취할 시정 및 시정조치(7.6.5 참조) 6) 책임 및 권한 7) 모니터링에 관한 기록
7.6.2	· 중요관리점(CCPs) 파악
	· HACCP계획에 의해 관리될 각 위해요소에대하여, 파악된 관리수단에 대해 CCP(s)가 파악되어 있는가?(7.4참조)
7.6.3	· 중요관리점의 한계기준 결정
7.6.3.1	· 각 CCP에 대한 한계기준은 모니터링을 위해 정해져 있는가?
7.6.3.2	· 한계기준은 최종제품에서의 식품안전위해요소에 관한, 파악된 허용수준(7.4.2 참조)을 벗어나지 않음을 보장하도록 수립되어 있는가?
7.6.3.3	· 한계기준은 측정 가능하도록 설정되었는가?
7.6.3.4	· 선택된 한계기준의 근거는 문서화되어 있는가?
7.6.3.5	· 제품, 프로세스, 취급 등에 대한 시각적검사와 같이, 주관적인 데이터에근거한 한계기준은지침이나시방서 및/또는 학력과 교육훈련을 통해 지원되고 있는가?
7.6.4	· 중요관리점의 모니터링 시스템
7.6.4.1	· CCP가 관리되고 있음을 실증하기 위하여 각각에 대한 모니터링시스템(한계기준에 관련된 모든 예정된 측정 또는 관찰을 포함)이 수립되어 있는가?

7.6.4.2	· 모니터링시스템은 다음을 포함하는 관련절차, 지침 및 기록으로 구성되어 있는가? 1) 적절한 시간 범위 내에서 결과를 제공하는 측정 또는 관찰 2) 사용된 모니터링 장치 3) 적용 가능한 교정방법(8.3 참조) 4) 모니터링 주기 5) 모니터링 및 모니터링 결과의 평가와 관련된 책임 및 권한 6) 기록 요구사항 및 방법
7.6.4.3	· 모니터링 방법 및 주기는 사용 또는 소비되기 전에 분리되는 제품에 대해 한계기준이 시간 내에 언제 초과되었는지를 결정할 수 있는가?
	· 결과
7.6.5	· 모니터링 결과 한계기준이 초과되었을 경우의 조치
7.6.5.1	· 계획 된 시정 및 시정조치는 HACCP계획에 규정되어 있는가?
7.6.5.2	· 시정 및 시정조치에는 부적합의 원인이 파악되었고, CCP에서 관리되는 인자가관리상태로 되돌아왔으며 재발이 방지됨을 보장하고 있는가?(7.10.2참조)
7.6.5.3	· 평가될 때까지 불출(릴리즈)되지 않음을 보장하기 위하여 잠재적으로 안전하지못한 제품의 적절한 취급을 위한 문서화된 절차가 수립되고 유지되고 있는가?(7.10.3참조)
7.7	· 예비정보 및 PRPs와 HACCP계획을 규정한 문서의 갱신
7.7.1	· 운용PRP(s)(7.5참조) 및/또는 HACCP계획(7.6참조)을 수립한 후에, 필요하다면, 다음 정보를 갱신하였는가? 1) 제품특성(7.3.3참조) 2) 의도하는 용도(7.3.4참조) 3) 흐름도(7.3.5.1참조) 4) 프로세스 단계(7.3.5.2참조) 5) 관리수단(7.3.5.2참조)
7.7.2	· 필요한 경우, HACCP계획(7.6.1참조)과 PRP(s)(7.2참조)를 규정하는 절차 및 지침을 수정하고 있는가?
7.8	· 검증기획
7.8.1	· 검증활동에대한목적, 방법, 주기및책임을정하고있는가?
7.8.2	· 검증활동은다음사항을확인하고있는가? 1) PRP(s)가 실행됨(7.2 참조) 2) 위해요소분석(7.3) 입력이 지속적으로 갱신됨 3) 운용PRPs(7.5참조) 및 HACCP계획(7.6.1참조)내의 요소들이 실행되고 효과적임 4) 위해요소 수준이 파악된 허용가능수준 범위이내(7.4.2) 5) 조직이 요구하는 기타 절차가 실행되고 효과적임
7.8.3	· 검증기획의 출력은 조직의 운영방법에 적합한 형식인가?
7.8.4	· 검증결과는기록되어있고식품안전팀에게의사소통되었는가?
7.8.5	· 검증활동 결과에 대한 분석이 가능하도록 검증결과를 제공하였는가?(8.4.3 참조)

7.8.6	· 시스템검증이최종제품샘플의시험에근거하고있는가?
7.8.7	· 시험 샘플이 식품안전 위해요소의 허용 가능한 수준(7.4.2참조)과 부합하지 않음을 보여준다면, 영향을 받은 제품 로트는 7.10.3에 따라 잠재적으로 안전하지 못한 것으로 취급되고 있는가?
7.9	· 추적성 시스템
7.9.1	· 제품 로트 및 원재료뱃치, 가공 및 인도기록에 대한 관계를 식별할 수 있게 해주는 추적성 시스템을 수립하고, 적용하고 있는가?
7.9.2	· 추적성 시스템은 직접공급자로부터 유입되는 재료 및 최종제품의 최초유통경로를 식별할 수 있는가?
7.9.3	· 추적성 기록은 시스템평가를 위해 그리고 제품회수의 경우에 정해진 기간동안 유지되고 있는가?
7.9.4	· 추적성 기록은 법적 및 규제 요구사항 및 고객 요구사항과 일치하는가? (예 ; 최종제품의 로트식별에 근거)
7.10	· 부적합의 관리
7.10.1	· 시정
7.10.1.1	· CCP(s)에 대한 한계기준이 초과한 경우(7.6.5참조), 또는 운용PRP(s)에관한 관리가 실패한 경우, 영향을 받는 최종제품이 그 사용 및 불출(릴리즈)에 관해서 파악되고 관리됨을 보장하는가?
7.10.1.2	· 다음 사항을 규정하는 문서화된 절차가 수립 및 유지되고 있는가? 1) 적절한 취급방법(7.10.3참조)의 결정을 위해 영향 받는 최종제품의 파악 및 평가 2) 실행된 시정의 검토
7.10.1.3	· 한계기준을 벗어난 조건에서 제조된 제품은 잠재적으로 안전하지 못하므로 7.10.3항에 따라 취급되고 있는가?
7.10.1.4	· 운용PRPs에 준하지 않은 조건에서 제조된 제품은 미준수의 원인 및 그에 따른 식품안전측면에서의 결과에대해 평가하고, 필요한 경우 7.10.3항에따라 취급되고 있는가?
7.10.1.5	· 미준수의 원인 및 식품안전 측면의 결과에 대한 평가내용은 기록되고 있는가?
7.10.1.6	· 모든 시정은 책임자에 의해 승인되고 있는가?
7.10.1.7	· 부적합한 제품로트에 관련된 추적성에 필요한 정보를 포함하여 부적합의 성질, 원인 및 결과에 대한 정보를 기록 유지하고 있는가?
7.10.2	· 시정조치
7.10.2.1	· 모니터링으로부터 도출된 데이터는 시정조치를 시작할 수 있도록 충분한 지식(6.2참조) 및 권한(5.4참조)을 지닌 지정된 인원에 의해 평가되고 있는가?
7.10.2.2	· 시정조치는 한계기준이 초과되거나(7.6.5참조) 운용PRPs에 일치하지 않을 경우 시작되고 있는가?

7.10.2.3	· 조직은 발견된 부적합의 원인을 파악 및 제거하고, 재발을 방지하며, 부적합에 직면한 후에 프로세스나 시스템을 관리상태로 되돌리기위한 다음을 포함한 적절한 조치를 규정하는 문서화된 절차를 수립 및 유지하고 있는가? 1) 부적합을 검토(고객불평 포함) 2) 관리 실종으로의 발전을 나타낼 수 있는 모니터링 결과의 경향을 검토 3) 부적합의 원인을 결정 4) 부적합이 재발하지 않음을 보장하기 위한 조치에 대한 필요성을 평가 5) 필요한 조치를 결정 및 실행 6) 취해진 시정조치 결과를 기록 7) 그 효과성을 보장하기 위해 취해진 시정조치를 검토
7.10.2.4	· 시정조치에 대한 기록은 유지되고 있는가?
7.10.3	· 잠재적으로 안전하지 못한 제품의 취급
7.10.3.1	· 일반사항
7.10.3.1.1	· 다음 사항을보장할 수 없을 경우, 부적합제품의 식품공급사슬 유입방지조치를 취하도록 부적합 제품을 취급하고 있는가? 1) 해당 식품안전 위해요소가 정해진 허용 가능한 수준까지 감소됨 2) 해당 식품안전 위해요소가 식품공급사슬 유입 전, 파악된 허용 가능한 수준(7.4.2 참조)까지 감소될 것 3) 부적합이더라도 제품이 해당 식품안전 위해요소의 정해진 허용 가능한 수준을 여전히 충족
7.10.3.1.2	· 부적합 상황에 의해 영향을 받았을 수 도있는 제품의 모든 로트는 평가될 때까지 조직의 관리 하에 보관되고 있는가?
7.10.3.1.3	· 조직의 관리를 떠난 제품이 그 후에 안전하지 못한 것으로 결정된다면, 관련 이해관계자에 알리고 회수(리콜 포함)를 착수하고 있는가?(7.10.4참조)
7.10.3.1.4	· 잠재적으로 안전하지 못한 제품의 취급에 대한 관리와 관련 대응 및 권한은 문서화되어 있는가?
7.10.3.2	· 불출(릴리스)를 위한 평가
7.10.3.2.1	· 부적합의 영향을 받은 제품의 개별로트는, 다음 조건 중의 어느 하나라도 적용되는 경우에만 안전한 것으로 불출(릴리즈)되고 있는가? 1) 관리수단이 효과적이었음을 실증하는 모니터링 시스템 이외의 증거 2) 특정 제품의 관리수단 결합효과가 의도하는 성과에 준하고 있음을 보여주는 증거(즉, 7.4.2에 따라 확인된 대로 파악된 허용 가능한 수준) 3) 샘플링, 분석 및/또는 다른 검증활동의 결과는 영향을 받은 제품의 로트가 해당 식품안전 위해요소에 대해 파악된 허용 가능한 수준에 준함을 실증
7.10.3.3	· 부적합 제품의 처분
7.10.3.3.1	· 제품평가 후, 제품로트에 불출(릴리즈)이 허용될 수 없다면, 이는 다음 중 하나에 의해 처리되고 있는가? 1) 식품안전 위해요소가 제거되거나 허용 가능한 수준까지 감소되었음을 보장하기 위한 재가공 또는 추가가공 2) 폐기물로써 파기 및/또는 처분
7.10.4	· 회수

7.10.4.1	· 안전하지 못한 제품으로 파악된 최종 제품의 로트전부를 적시에 회수하고 촉진하기위하여 최고경영자는 회수결정권한을 가진 인원 및 회수 실행담당인원을 지정하였는가?
7.10.4.2	· 조직은 다음에 대한문서화된 절차를 수립하였는가? 1) 관련 이해관계자들(예: 법적 및 규제당국, 고객 및/또는 소비자)에게 통지, 2) 아직 재고상태의 해당 제품로트 뿐만 아니라 회수된 제품의 취급 3) 취할 조치의 순서
7.10.4.3	· 회수된제품은재처리될때까지보안격리하거나감독하에보관하고있는가?
7.10.4.4	· 회수의 원인, 범위 및 결과는 기록되어 있고, 경영검토의 입력으로서(5.8.2 참조) 최고경영자에게 보고하고 있는가?
7.10.4.5	· 조직은 적절한 기술(예: 미생물 접종시험, 가상 회수 또는 회수 실습) 사용을 통해 회수 프로그램의 효과성을 검증하여 기록하고 있는가?
8	· 식품안전경영시스템 타당성확인, 검증 및 개선
8.1	· 일반사항
8.1.1	· 식품안전팀은 관리수단 및/또는 관리수단결합의 타당성을확인하고 식품안전경영시스템을 검증 및 개선하는데필요한 프로세스를 계획하고 실행하고 있는가?
8.2	· 관리수단 결합의 타당성 확인
8.2.1	· 운용PRP와 HACCP계획에 포함되어질 관리수단의 실행이전 및 그로부터의 모든변경 후에(8.5.2참조), 다음 사항을 타당성확인(3.15)하고 있는가? 1) 선택한 관리수단이 목표로 한 위해요소에 대한 의도하는 관리를 달성할 수 있음 2) 관리수단이 효과적이고, 허용수준에 맞는 최종제품을 얻기 위해 파악된 식품안전 위해요소의 관리를 보장할 수 있음
8.2.2	· 타당성 확인의 결과가 위 요소의 하나 또는 그 이상이 확인될 수 없음을 보여줄 때, 관리수단 및/또는 그 결합이 수정(관리수단(즉 프로세스 인자, 엄격성 및/또는 그들의 결합)의 변경 및/또는 원재료, 제조기술, 최종제품 성격, 유통방법 및/또는 최종제품의 의도하는 용도의 변경을 포함)되고 재평가되는가?(7.4.4참조)
8.3	· 모니터링 및 측정의 관리
8.3.1	· 조직은 특정된 모니터링 및 측정과 관련된 방법과 장비가 모니터링 및 측정 절차의 성과를 보장하는 데 적절하다는 증거를 제공하고 있는가?
8.3.2	· 조직은 유효한 모니터링 및 측정결과를 보장하기 위하여 필요한 경우, 사용된 장비 및 방법이 다음과 같은가? 1) 규정된 주기로, 또는 사용 전에, 국제적 또는 국내의 측정규격으로 추적 가능한 측정규격에 의하여 교정되거나 검증되고 있는가? 2) 만일 그러한 규격이 없는 경우에는, 교정 또는 검증에 사용된 근거를 기록 유지하고 있는가? 3) 필요한 경우, 수정 또는 재수정되고 있는가? 4) 교정상태가 결정될 수 있도록 파악되어 있는가? 5) 측정결과를 무효화하는 조정으로부터 보호되고 있는가? 6) 손상 및 열화로부터 보호되고 있는가?
8.3.3	· 교정 및 검증결과의 기록은 유지되고 있는가?
8.3.4	· 조직은 장비 또는 프로세스가 요구사항과 일치하지 않음을 발견하였을 때, 이전 측정결과의 타당성을 평가하였는가?

8.3.5	· 측정장비가 부적합한 경우라면, 장비 및 영향을 받은모 든제품에대해 적절한 조치를 취하였고, 또한 그러한 평가 및 그에 따른 조치에 대한 기록은 유지되고 있는가?
8.3.6	· 어떠한 컴퓨터 소프트웨어가 규정된요구사항의 모니터링 및 측정에사용되었을경우그능력은 확인되었는가?
8.3.7	· 컴퓨터 소프트웨어의 능력 확인은 최초사용 전에 이루어졌고, 필요한 경우 재확인되었는가?
8.4	· 식품안전경영시스템 검증
8.4.1	· 내부심사
8.4.1.1	· 조직은다음사항을결정하기위하여, 계획된주기로내부심사를수행하고있는가? 1) 계획된 결정사항, 식품안전경영시스템의 요구사항, 그리고 이 규격의 요구사항에 일치하는 지 여부 2) 효과적으로 실행되고 갱신되는 지 여부
8.4.1.2	· 내부심사프로그램이 계획되어 있는가?(8.5.2및5.8.2참조)
8.4.1.3	· 내부심사의 기준, 범위, 주기 및 방법을 정하고 있는가?
8.4.1.4	· 내부심사원의 선정 및 심사 수행시에 심사프로세스의 객관성 및 공정성이 보장되어 있는가? (심사원은 자신의 업무에 대하여 심사를 수행해서는 아니된다)
8.4.1.5	· 내부심사의 기획 및 심사수행, 그리고 결과의 보고 및 기록유지에 대한 책임 및 요구사항은 문서화된 절차에 규정되어 있는가?
8.4.1.6	· 내부심사 대상업무에 책임을 지는 관리자는 발견된부적합 및 원인을 제거하기위한 조치가 적시에 취해질 수 있도록 보장하고 있는가?
8.4.1.7	· 후속조치는 취해진 조치의 검증 및 검증결과의 보고를 포함하고 있는가?
8.4.2	· 개별 검증결과의 평가
8.4.2.1	· 식품안전팀은 기획된 검증(7.8참조)의 개별적 결과를 체계적으로 평가하고 있는가?
8.4.2.2	· 검증이 계획된 결정사항과 일치함을 실증하지 못하는 경우, 조직은 요구되는 적합성을 달성하기 위한 다음과 같은(이에 국한하는 것은 아님) 조치를 취하고 있는가? 1) 기존의 절차 및 의사소통경로(5.6 및 7.7 참조) 2) 위해분석 결론(7.4참조), 수립된 운용PRPs(7.5참조) 및 HACCP계획(7.6.1참조) 3) PRP(s)(7.2 참조) 4) 인적자원관리 및 교육훈련활동의 효과성(6.2 참조)
8.4.3	· 검증활동 결과의 분석

8.4.3.1	· 식품안전팀은 내부심사(8.4.1참조) 및 외부심사결과를 포함하여, 다 음사항을 이행하기 위해 검증활동의 결과를 분석하고 있는가? 1) 시스템의 전체적인 성과가 계획된 결정사항 및 조직에 의해 수립된 식품안전 경영시스템 요구사항에 만족함을 확인 2) 식품안전경영시스템의 갱신 또는 개선의 필요성을 파악 3) 잠재적으로 안전하지 못한 제품의 더높은발생을나타내는경향을파악 4) 심사대상 지역의 상태 및 중요성과 관련하여 내부심사 프로그램의 기획을 위한 정보를 수립 5) 취해진 시정 및 시정조치가 효과적이라는 증거를 제공
8.4.3.2	· 분석결과 및 그에 따른 활동은 기록되고 있으며, 경영검토의 입력(5.8.2참조)으로최고경영자에게 보고되었는가?
8.4.3.3	· 이는 또한, 식품안전경영시스템의 갱신(8.5.2 참조)에 대한 입력으로 사용되고 있는가?
8.5	· 개선
8.5.1	· 지속적 개선
8.5.1.1	· 최고경영자는 의사소통(5.6 참조), 경영검토(5.8 참조), 내부심사(8.4.1 참조), 개별 검증결과의 평가(8.4.2 참조), 검증활동 결과의 분석(8.4.3 참조), 관리수단 결합의 타당성확인(8.2 참조)과 시정조치(7.10.2 참조) 및 식품안전경영시스템 갱신(8.5.2 참조) 등을 통하여 식품안전경영시스템의 효과성을 지속적으로 개선하고 있음을 보장하는가?
8.5.2	· 식품안전경영시스템 갱신
8.5.2.1	· 최고경영자는 식품안전경영시스템이 지속적으로 갱신됨을 보장하고 있는가?
8.5.2.2	· 이를 위해, 식품안전팀은 계획된 주기로 식품안전경영시스템을 평가하고 있는가?
8.5.2.3	· 그런 다음 위해요소분석(7.4참조), 수립된운용PRPs(7.5참조) 및 HACCP계획(7.6.1참조)을 검토하는 것이 필요한지 여부를 고려하는가?
8.5.2.4	· 식품안전경영시스템의평가및갱신활동은다음사항에근거하고있는가? 1) 5.6에 표명된 대로, 내부 및 외부 의사소통으로부터의 입력 2) 식품안전경영시스템의 적절성, 충족성 및 효과성과 관련한 기타 정보로부터의 입력 3) 검증활동의 결과 분석(8.4.3 참조)으로부터의 출력 4) 경영검토의 출력물(5.8.3참조)
8.5.2.5	· 식품안전경영시스템의 갱신활동은 기록되고 있으며, 적절한 형식으로 경영검토의 입력(5.8.2 참조)으로 보고되고 있는가?

표 5-15. ISO 22000 인증절차

단계	내용
1단계 신청	· 신청서는 신청조직의 사업내용과 인증을 원하는 부분을 알 수 있는 귀중한 기본자료이며 견적의 토대가 된다. · 특히 신청조직에 대해 특수한 심사를 위한 특별심사원이 요구되는지를 판단할 수 있도록 해준다. 신청서 제출시 회사 조직도를 첨부하면 정확한 견적작성에 도움이 된다.
2단계 견적 및 계약	· 신청조직이 서명한 계약서를 접수함으로써 계약이 이루어지고 인증기관은 심사계획의 수립에 착수하게 된다.
3단계 일정 계획 수립	· 1단계심사(문서심사) 및 2단계심사(본심사)를 위한 일정계획을 수립한다.
4단계 예비심사(선택적)	· ISO 9001과 달리, QS-9000 및 ISO/TS 16949 인증심사에 있어서는 경미한 부적합사항만 있는 경우에도 인증을 추천 할 수 없다. 그러므로 예비심사를 통해 인증심사 전에 잠재적인 부적합 사항을 파악하고 사전에 조치를 취할 수 있게 된다.
5단계 문서 심사 / 1단계 심사	1. 문서심사/1단계심사의 주 목적은 다음과 같다. - 문서화된 경영시스템의 심사규격 요구사항에의 적합성 검토 - 심사범위, 주요 프로세스, 적용제외 요건, 심사코드, 심사일수의 확인 및 현장 · 방문 - 관련법규 요구사항의 파악 - 본심사 대비 준비상태의 점검 - 본심사 프로그램의 작성 2. 효과적인 문서심사/1단계심사를 위해, 귀사에서 준비해야 할 사항은 다음과 같다. - 심사범위에 포함된 제품과 관련한 법규 및 고객 요구사항 - 경영시스템과 제품 실현 기획의 결과물 - 심사규격에서 요구하는 문서화(방침, 목표, 매뉴얼, 절차서 등) - 고객 인식, 제품, 프로세스의 모니터링 및 측정 결과 - 경영시스템의 효과(사업/프로세스/제품 목표에 대한 경향 및 실적의 기록, 내부심사 보고서 등) - 개선활동의 기록(시정조치, 예방조치, 경영검토)
6단계 본심사 / 2단계 심사	1. 이 심사의 주 목적은 다음과 같다. - 경영시스템이 일관성이 있고 효과적으로 이행되는지를 검증 - 해당하는 경우, 인증을 추천 2. 이를 위해 심사관은 다음 사항을 점검한다. - 최고 경영자의 의지가 명확하며, 고객 지향적이고 필요한 자원을 제공하는지 - 회사의 경영시스템이 심사규격, 방침, 고객 요구사항, 법규 요건을 충족하는지 - 상위 수준의 기획과 제품실현 기획을 실행하는지 - 방침, 목표 및 지속적 개선을 달성하고 있는지

7단계 보고서 작성	· 심사관은 심사 종료 시점에 심사 내용을 기술한 심사 보고서를 작성해 제공한다. · 이 보고서에는 신청조직에서 만족스럽게 이행하고 있는 내용, 시스템의 취약 부분 및 부적합 사항 등을 포함한다.
8단계 심사결과 검토	· 본심사/2단계심사 완료 후 심사의 모든 과정을 요약한 심사보고서에 대하여 타당성 검토를 수행한다. · 이러한 타당성 검토를 통하여 시스템이 해당요건 및 절차에 따라 적절히 이루어졌는지 검증하며, 심사 시 발견된 시스템의 결함 또는 부적합 사항을 검토한다.
9단계 인증서 발행	· 본심사/2단계심사 결과 신청조직의 경영시스템이 심사규격의 요건을 만족하며 원활하게 이행되고 있을 경우, 인증서를 발행한다. · 인증서에는 인증범위가 명시되어 있으며, 신청조직의 경영시스템이 만족스럽게 유지됨을 전제로 3년간 유효하다.
10단계 사후 관리 심사	· 인증 후, 매 6개월 단위로 신청조직의 경영시스템을 검증한다. · 심사규격의 요구사항을 지속적으로 충족하고 있으며 변경사항을 충실히 반영하고 있다는 신뢰감을 신청조직의 고객에게 제공하기 위한 활동이다.
11단계 재인증 심사	· 인증서의 유효기간인 3년이 되는 시점에, 최초 본심사와 동일한 수준으로 재인증을 위한 심사를 수행한다.

2. HACCP vs. ISO

표 5-16. HACCP과 ISO 22000 비교_1

No.	HACCP (위해요소중점관리기준)	ISO 22000
1	정부 주도 중심 + 민간	민간 주도
2	규제중심 정부중심의 강제성	자율성 고객만족중심-자율성
3	지역성 - 국가별 해석	통용성 - 범세계성
4	12절차 7원칙	객관적 규격
5	부가적 프로그램 필요	포괄적 효율적
6	경직성	유연성 개방성
7	체계적 접근 - How, 제품별	시스템적 접근 - What, 목표

표 5-17. HACCP과 ISO 22000 비교_2

HACCP 원칙	HACCP 적용단계		ISO 22000:2005	
	- HACCP 팀 편성	1단계	7.3.2	식품안전팀
	- 제품기술	2단계	7.3.3 7.3.5.2	· 제품특성 프로세스 단계 및 관리수단 기술
	- 의도하는 용도 확인	3단계	7.3.4	· 의도하는 용도
	- 흐름도 작성, 현장확인	4단계 5단계	7.3.5.1	· 흐름도
원칙 1 위해요소분석	- 모든 잠재적 위해 요소 목록화 - 위해요소 분석 실 - 관리 수단 고려	6단계	7.4 7.4.2 7.4.3 7.4.4	· 위해요소 분석 · 위해요소파악 및 허용가능수준의 결정 · 위해요소 평가 · 관리수단의 선택 및 평가
원칙 2 중요관리점(CCPs) 결정	- CCPs 결정	7단계	7.6.2	· 중요관리점(CCPs) 파악
원칙 3 한계기준 수립	- 각CCP에 대한 한계기준 수립	8단계	7.6.3	· CCP의 한계기준 결정
원칙 4 모니터링시스템 수립	- 각 CCP에 대한 모니터링 - 시스템 수립	9단계	7.6.4	· CCP의 모니터링시스템
원칙 5 특정 CCP의 한계기준 초과 시 시정조치 설정	- 시정조치 설정	10단계	7.6.5	· 모니터링 결과 한계기준이 초과되었을 경우의 조치
원칙 6 HACCP시스템 검증절차 수립	- 검증절차 수립	11단계	7.8	· 검증기획
원칙 7 절차 및 기록에 대한 문서화	- 문서화 및 기록관리 절차수립	12단계	4.2 7.7	· 문서화 요구사항 · 예비정보 및 선행요건 프로그램과 HACCP계획을 규정한 문서의 갱신

3. 영양사 직무분석

표 5-18. 영양사의 직무분석(출처: 국가고시시험연구원 연구자료)

직무영역 (Duty)	수행작업(Task)	일의 요소(Task element)
A .식 단 관 리	A1. 영양기준량 결정하기	A1-1 급식 대상자 상황 파악하기
		A1-2 식사 종류별 영양 기준량 결정하기
		A1-3 식단작성 지침 정하기
	A2. 식단 계획하기	A2-1 급식소 조건 확인하기
		A2-2 식품군별 공급량 결정하기
		A2-3 식사 제공 횟수에 따라 식품군별 공급량 배분하기
		A2-4 식사 공급형태 결정하기
		A2-5 식단 주기 결정하기
	A3. 식단 작성하기	A3-1 식단별 음식 구성하기
		A3-2 예정 식단표 작성하기
		A3- 3 예정 식단표 평가 및 검토하기
		A3-4 식단 확정하기
		A3-5 실행 식단표 작성하기
	A4. 영양가 분석하기	A4-1 식단별 식품량 산출하기
		A4-2 영양가 계산하기
		A4-3 결과분석 및 기록하기
	A5 .표준레시피 관 리 하 기	A5-1 레시피 자료 수집하기
		A5-2 표준레시피(안)만들기
		A5-3 실험조리하기
		A5-4 표준레시피 평가 및 조정하기
		A5-5 표준레시피 카드 작성하기
		A5-6 기존레시피 수정 및 조정하기

B. 식재료 구매 관리	B1. 수요예측하기	B1-1 과거 급식인원수 조사하기
		B1- 2 급식인원수 변동요인 파악하기
		B1- 3 수요예측방법으로 예정식사인원 계산하기
		B1-4 예정 급식인원수 정하기
	B2. 구매계획세우기	B2-1 식품폐기율 조사하기
		B2- 2 1인당 식품 사용량 결정하기
		B2-3 식품사용 예정량 산출하기
		B2-4 식재료구매 방법 결정하기
		B2-5 식재료구매 거래처 선정하기
	B3. 시장조사하기	B3-1 식품유통경로 확인하기
		B3-2 식품정보 수집하기
		B3-3 물가 조사하기
		B3-4 식품규격 조사하기
		B3-5 시장조사 보고서 작성하기
	B4. 식재료구매 요구서작성하기	B4-1 식품규격서 작성하기
		B4-2 식품 구매요구서 작성하기
	B5. 발주하기	B5-1 식재료 발주방법 결정하기
		B5-2 식재료 1회 발주량 산출하기
		B5-3 식재료 발주서 작성하기
	B6. 식재료검수하기	B6-1 식재료 검수지침서 마련하기
		B6-2 식재료 수량 확인하기
		B6-3 식재료 품질 확인하기
		B6-4 식품표시사항 확인하기
		B6-5 식재료 인수결정 및 반품 조치하기
		B6-6 인수된 식재료의 적정 보관지시하기
		B6-7 식재료 거래명세서 확인하기
		B6-8 검수일지 작성하기
		B6-9 검수사항 기록 관리하기

C. 식재료보관 및 재고관리	C1. 식재료 입출고 관리하기	C1-1 식재료 입출고 관리방법 결정하기
		C1-2 식재료 입고전표 작성하기
		C1-3 식재료 출고전표 작성하기
		C1-4 식재료 입출고 지시하기
		C1-5 식품 사용대장 관리하기
	C2. 식재료 재고관리하기	C2-1 적정재고량 결정하기
		C2-2 식재료 재고관리대장 작성하기
		C2-3 식재료 재고량 실사하기
		C2-4 식재료 저고실사 조사서 작성하기
	C3. 창고관리하기	C3- 1 식재료에 꼬리표 붙이기
		C3-2 창고내 품목별 배치하기
		C3-3 식재료 선입선출 관리하기
		C3-4 창고상태 점검하기
		C3-5 창고 위생상태 통제하기
D. 조리작업 관리	D1. 조리작업 계획하기	D1-1 조리작업열정 계획세우기
		D1-2 조리작업 분담하기
		D1-3 조리작업 공정표 작성하기
	D2. 조리작업지시하기	D2-1 조리작업 지시서 작성하기
		D2-2 조리작업방법 지시하기
		D2-3 급식인원수 변동에 따른 생산량 조정하기
	D3. 조리작업지도및감독하기	D3-1 조리작업 감독하기
		D3-2 검식후 재작업 지시하기
		D3-3 대량조리방법 지도하기
		D3-4 염도 및 조리온도 측정하기
		D3-5 조리기구 사용법 지도하기
		D3-6 조리작업시간 관측하기
		D3-7 조리작업방법 조정하기
	D4. 검식하기	D4-1 관능검사하기
		D4-2 검식일지 작성하기

E. 배식관리하기	E1. 배식계획	E1-1 배식방법 정하기
		E1-2 배식량 정하기
		E1-3 배식기구 정하기
		E1-4 배식장소 정하기
		E1-5 배식인력 배치하기
	E2. 상차림 지도감독하기	E2-1 적정온도유지 지도하기
		E2-2 적량배식지도하기
		E2-3 식사처방 확인하기
		E2-4 상차림작업 감독하기
	E3. 배식지도 감독하기	E3-1 배식요원 지도하기
		E3-2 배식 감독하기
		E3-3식 사정보 제공하기
		E3-4 배식 후 뒷정리하기
F. 퇴식및식기세정소독관리	F1. 퇴식지도 감독하기	F1-1 퇴식방법 및 체계 수립하기
		F1-2 식기종류별 수거지도 감독하기
		F1-3 잔반 수거 감독하기
		F1-4 잔반량 조사하기
		F1-5 잔반처리 방법 마련하기
	F2. 식기세척 및 보관하기	F2-1 식기 세척방법 결정하기
		F2-2 식기 세척업무 감독하기
		F2-3 식기세척상태 평가하기
		F2-4 식기세척기 작동상태 정기 정검하기
	F3. 식기소독관리하기	F3-1 식기 소독대상 및 원칙 수립하기
		F3-2 식기 소독업무 감독하기
		F3-3 세척된 식기보관하기
		F3-4 급식조리용 기구 세척상태 확인하기
G. 위생관리	G1. 식품위생관리하기	G1-1 식품위생관리 기준정하기
		G1-2 식품의 위생적인 전처리 관리하기
		G1-3 식품을 위생적으로 취급 보관하기
		G1-4 음식을 위생적으로 조리 관리하기
		G1-5 음식을 위생적으로 취급 보관하기
		G1-6 식수를 위생적으로 관리하기
		G1-7 보존식 시행 및 관리하기

	G2. 급식설비 및 기기집기위생관리하기	G2-1 급식설비 및 기기 집기위생관리 기준 정하기
		G2-2 급식설비 및 기기 집기 위생관리 계획 세우기
		G2-3 급식설비 및 기기 집기 청소, 세척하기
		G2-4 급식설비 및 기기 집기 소독관리하기
		G2-5 급식설비 및 기기 집기 위생상태 정기점검하기
	G3. 식기위생관리하기	G3-1 일반식기 위생관리기준 정하기
		G3-2 감염환자 식기 위생관리기준 정하기
		G3-3 식기위생상태 정기점검하기
	G4. 환경위생관리하기	G4-1 작업장환경관리기준정하기
		G4-2 작업장환경 정기정검하기
		G4-3 방충방서관리기준정하기
		G4-4 방충방서관리 시행하기
		G4-5 음식물 쓰레기 관리기준정하기
		G4-6 음식물 쓰레기 관리하기
		G4-7 음식물 쓰레기 관리대장 기록보고하기
		G4-8 기타 쓰레기 관리하기
	G5. 개인위생관리하기	G5-1 개인위상 관리기준 정하기
		G5-2 급식인력의 건강진단시행하기
		G5-3 개인위생상태 점검하기
	G6. 위생교육하기	G6-1 위생교육 계획세우기
		G6-2 위생교육 자료만들기
		G6-3 위생교육안 작성하기
		G6-4 위생교육 실시하기
		G6-5 위생교육일지 작성하기
		G6-6 위생교육 평가하기
	G7. 위생감시체계관리하기	G7-1 위생감시 체계세우기
		G7-2 위생감시체계 시행하기
		G7-3 위생점검결과 평가하기
		G7-4 위생점검일지 작성하기

H. 급식시설 및 기기관리	H1. 급식시설 및 기기관리 계획세우기	H1-1 급식시설 설비기기 관리 기준 정하기
		H1-2 급식시설 설비기기 상황 확인하기
		H1-3 급식시설 설비기기 관리 계획하기
		H1-4 급식시설 설비기기 관리계획서 작성하기
	H2. 급식시설 및 기기관리구입하기	H2-1 급식시설설비기기 구매요구서 작성하기
		H2-2 급식시설설비기기 발주하기
		H2-3 급식시설설비기기반입, 설치 관리하기
		H2-4 급식시설설비기기 비품 대장 작성하기
	H3. 급식시설 및 기기관리 유지보수 관리하기	H3-1 급식시설설비기기 정기점검 하기
		H3-2 급식시설 설비 기기 취급관리하기
		H3-3 급식시설설비 기기 점검일지 작성하기
		H3-4 고장시 대책 세우기 및 처리 하기
		H3-5 수리보수 확인하기
	H4. 급식시설 및 기기관리안전관리하기	H4-1 안전관리수칙 만들기
		H4-2 작업장 안전성 점검하기
		H4-3 안전관리수칙 교육하기
		H4-4 상해 시 대책세우기
	H5. 급식물품관리하기	H5-1 조리 및 배식용구 관리하기
		H5-2 급식시설 관리용구 관리하기
		H5-3 소모품 관리하기

I. 인력관리	I1. 급식인력채용하기	I1-1 급식인력 채용 기준 수립하기
		I1-2 급식인력 직무분석하기
		I1-3 급식인력 채용 계획 세우기
		I1-5 급식인력 채용 확정하기
		I1-6 급식인력 오리엔테이션 계획 및 실시하기
	I2. 급식인력 배치하기	I2-1 급식인력 업무분장하기
		I2-2 업무단위별 소요인력 확정하기
		I2-3 급식인력 배치방법 결정하기
		I2-4 급식인력 적재적소에 배치하기
	I3. 급식인력 교육훈련시키기	I3-1 급식인력 교육실행 계획세우기
		I3-2 급식인력 교육자료 개발하기
		I3-3 급식인력 교육훈련시키기
		I3-4 급식인력 교육결과 평가하기
		I3-5 급식인력 교육내용 및 결과 기록 보관하기
	I4. 급식인력업무수행도 평가하기	I4-1 근무수행지침(표준) 수립하기
		I4-2 근태관리지침 마련하기
		I4-3 수행도평가 기준수립하기
		I4-4 업무수행에 대한 관찰 및 감독하기
		I4-5 업무 평가기준에 따라 평가하기
	I5. 협력관계유지하기	I5-1 대외적인 협력업체와의 의사소통하기
		I5-2 관련부서와 의사소통하기
		I5-3 관련회의 참석하기
		I5-4 급식인력 면담하기
	I6. 연수생교육하기	I6-1 실습생 교육하기
		I6-2 수련영양사 교육하기

J. 급식경영	J1. 급식운영 목표세우기	J1-1 급식환경변화 분석하기
		J1-3 급식소 운영목표 세우기
		J1-4 급식소 목표달성 평가기준 세우기
	J2. 급식업무관리하기	J2-1 급식업무의 우선 순위정하기
		J2-2 급식업무수행에 필요한 자료나 정보 제공하기
		J2-3 급식업무 조정하기
		J2-4 급식업무 지시하기
		J2-5 급식업무 점검하기
		J2-6 회의주관하기
	J3. 급식예산집행하기	J3-1 예상수입, 지출산정하기
		J3-2 급식예산세우기
		J3-3 지출결의서작성하기
		J3-4 여입(수입)결의서 작성하기
		J3-5 급식 예산 집행내역 점검 및 조정하기
		J3-6 급식원가 분석하기
		J3-7 손익계산서 작성하기
		J3-8 대차대조표 작성하기
		J3-10 결산분석 및 평가하기
	J4. 마케팅관리하기	J4-1 고객특성 파악하기
		J4-4 고객요구사항 해결하기
	J5. 급식평가하기	J5-1 만족도 조사하기
		J5-2 잔식량 분석하기
		J5-3 메뉴 평가하기
		J5-4 생산성 및 인력효율성 평가하기
		J5-5 재무상태 평가하기
	J6. 급식경영보고하기	J6-1 급식운영 자료분석 및 정리하기
		J6-2 급식운영 보고서 및 운영일지 작성하기
		J6-3 문서정리 및 관리하기
	J7. 급식품질향상하기	J7-1 품질향상과정 계획하기
		J7-2 품질향상과정 시행하기
		J7-3 품질향상과정 평가하기
		J7-4 품질향상 개선하기(급식운영상태 개선하기)

K. 영양교육	K1. 교육대상 진단하기	K1-1 대상 집단의 영양문제 발견하기
		K1-2 대상 집단의 영양문제 원인 분석하기
		K1-3 대상집단이 요구하는 영양서비스 파악하기
		K1-4 기존 영양서비스에 대해 검토하기
	K2. 영양교육 계획세우기	K2-1 교육주제 선정하기
		K2-2 교육장소 정하기
		K2-2 교육방법 정하기
		K2-3 교육계획안 작성하기
		K2-4 교육자료 제작하기
		K2-5 교육대상자 신청받기
		K2-6 영양상담하기
L. 자기계발	L1. 전문성향상하기	L1-1 계속교육받기
		L1-2 학술활동하기
		L1-3 정보수집하기
	L2. 연구하기	L2-1 식품 이용방법 연구하기
		L2-2 조리법 연구하기
		L2-3 전통음식문화 연구하기
		L2-4 급식운영 효율화방안 연구하기
		L2-5 식중독 예방관리 연구하기
		L2-6 환경위생 연구하기
		L2-7 식사요법 연구하기
		L2-8 영양교육법 연구하기
		L2-9 교육매체 연구 및 자료개발하기
		L2-10 기타업무 관련분야 연구하기
	L3. 자기관리하기	L3-1 시간 관리하기
		L3-2 건강관리하기
		L3-3 시회봉사하기
		L3-4 이미지 관리하기

Basic science for co

참고
문헌

king

참고문헌

국내자료

한국대학식품영양관련학과 교수협의회, 조리원리, (주)교문사, 2007.

금종화 · 김성영 · 박경숙 · 소명환 · 손규목 · 오승희 · 유영균 · 이극로 · 이미옥 · 이상일 · 조석금, 21세기 식품위생학, 효일, 2009.

김기영, 호텔주방관리론, 백산출판사, 2004.

나정기, 메뉴관리의 이해, 백산출판사, 2004.

나정기, 외식산업의 이해, 백산출판사, 2003.

박병렬 · 임붕영, 외식사업 주방관리론, 대왕사, 1995.

양일선 · 차진아 · 신서영 · 박문경, 급식경영학, 교문사, 2008.

어윤선 · 박승영 · 김종택, 외식산업경영론, 대왕사, 2008.

이성호, 급식경영개론, 석학당, 2010.

진양호, 박영일, 김성일, 외식마케팅관리, 백산출판사, 2009.

채인숙 · 차진아 · 양일선 · 한경수 · 이보숙, 단체급식, 교문사, 2008.

한경수 · 채인숙 · 김경환, 외식경영학, 교문사, 2008.

한국외식산업연구소, 외식사업경영론, 백산출판사, 1995.

매일경제신문사 자료.

대한민국 통계청 통계자료

법제처 법령자료.

한국외식정보, 한국외식연감, 2006.

국외자료

Kotschevar, Lendal H., Withrow, Diane, Management by Menu, John Wiley & Sons, 2007.

Nicholas Gre gory Mankiw 저, 김종석 · 김경환 역, 맨큐의 경제학, 교보문고, 2009.

국내외 인터넷 자료

금융감독원 자료

대한민국 통계청, 통계자료

미국통계청, 통계자료

법제처 법령자료,

영국통계청, 통계자료

일본통계청, 통계자료

UN 통계자료

http://www.naver.com 자료

http://www.google.com 자료

http://www.yahoo.com 자료

교육인적자원부, http://www.mest.go.kr

국가법령정보센터, http://www.law.go.kr

국가지식포털, http://www.knowledge.go.kr

국가표준인증종합정보센터 http://www.standard.go.kr/

국립보건원, http://www.nih.go.kr

금융감독원, http://www.fss.or.kr/

금융감독원 전자공시 시스템, http://dart.fss.or.kr/

농림수산식품부, http://www.maf.go.kr

농촌진흥청 국립농업과학원, 농식품종합정보시스템
http://koreanfood.rda.go.kr/
농촌진흥청, http://www.rda.go.kr
농업과학기술원, http://www.niast.go.kr
법제처, http://www.moleg.go.kr
보건복지부, http://www.mohw.go.kr
브리테니카, http://preview.britannica.co.kr/
대한민국 국회도서관, http://www.nanet.go.kr
대한비만학회, http://www.obesity.or.kr
대한영양사회, http://www.dietitian.or.kr
대한화학회, http://www.kcsnet.or.kr
동아시아식생활학회, http://society.kisti.re.kr/~easdl
미국식품과학회, http://www.ift.org
식품의약품안전청, http://www.kfda.go.kr
통계청 www.kostat.go.kr
한국보건의료인 국가시험원, http://www.kuksiwon.or.kr
한국생화학회, http://www.biochem.or.kr
한국식품개발원, http://www.kfri.re.kr
한국식품과학회, http://www.kosfost.or.kr
한국영양학회, http://www.kns.or.kr
한국외식경영학회, http://www.fmsok.or.kr
한국외식산업경영학회, http://www.kafim.com
한국조리학회, http://www.culinary.re.kr
한국조리과학회, http://www.kfcs.org
한국과학기술정보통합서비스, NDSL http://www.ndsl.kr
한국과학기술정보연구원, http://www.kisti.re.kr
한국교육학술정보원, http://www.keris.or.kr

한국교육학술정보원, 학술연구정보서비스 http://www.riss4u.net

한국학술진흥재단, http://www.krf.or.kr

현암사, http://www.hyeonamsa.com

국내학회지 검색 사이트, http://www.dbpia.co.kr

국내학회지 검색 사이트, http://kiss.kstudy.com

국외논문 검색 사이트, DIALOG http://www.dialog.com

국외학위논문 검색 사이트, PQDT(ProQuest) http://proquest.umi.com

FAO(국제식품농업기구), http://www.fao.int

Food and Drug Administration(미국식품의약국), http://www.fda.gov

National Institutes of Health(미국국립위생연구소), http://www.nih.gov

UN(국제연합), http://www.un.org

USDA(미국 농림부), http://www.usda.gov

WHO(세계보건기구), http://www.who.int

WHO nutrition database,
http://www.who.int/nutrition/databases/en/index.htmL

이 성 호

현) 계명문화대학교 식품영양조리학부 교수

경북대학교 박사(이학박사)

경기대학교 외식 산업 경영 박사 수료

대한중석 중앙연구소 분석연구실 책임연구원

Basic science for cooking

조리기초과학

2017년 8월 20일 1판 1쇄 인쇄
2017년 8월 24일 1판 1쇄 발행
지은이 이 성 호
펴낸이 윤 용 호
펴낸곳 석학당 출판사
121-856 서울시 마포구 토정로 222 한국출판콘텐츠센터 3층 301호
등록 2001.10.23. 제10-2238호
전화 02)719-6116
팩스 02)719-6120
www.shdbooks.co.kr
E-mail shd6116@chol.com

ISBN : 979-11-87621-09-6

가격 18,000원

이 도서의 국립중앙도서관 출판예정도서목록(CIP)은 서지정보유통지원시스템 홈페이지(http://seoji.nl.go.kr)와 국가자료공동목록시스템(http://www.nl.go.kr/kolisnet)에서 이용하실 수 있습니다. (CIP제어번호 : CIP2017017706)